軍事史学

第53巻　第4号

巻　頭　言

軍事文化の越境性と限界

丸畠宏太

先日、軍事・戦争関係の博物館・記念館の比較研究の一環として、はじめてハワイの真珠湾一帯を訪問した。その中でもとくに印象に残ったことがある。

戦艦「ミズーリ」の右舷には大戦末期に体当たりした特攻機による傷跡は今でも生々しいが、その説明文と図像で目を引いたのは、特攻の異常さを訴えたり戦艦の頑丈さを誇示する部分よりも、戦死した日本軍パイロットに最大の敬意を表して水葬に付するシーンであった。

そこでこんな話を思い出した。大戦中に米潜水艦と交戦した日本海軍駆逐艦長が、戦後しばらくしてから、交戦相手の潜水艦長から敬意と友情を示す手紙をもらった、という。

ここでは、敵に対する憎しみむき出しの「容赦なき戦争」（J・ダワー）であった第二次世界大戦中にも、軍隊同士の畏敬の念や儀礼がなお生きていたことに注目したい。その背景に、平時から培われてきた軍隊同士の国境を越えた社交様式があったことは間違いない。

周知のように、軍隊は戦争が前提の厳しい上下関係や規律を旨とした独自の価値・行動規範をもつ。つまり、軍隊は他の社会集団とは別に自己完結した価値体系をもつ軍隊社会を形成するのである。先に挙げた事例は軍隊社会の特殊環境に由来するものであり、国境はおろか敵味方の壁をも越えた軍事文化の存在を示すものと言えよう。

もとより、男子国民皆兵を原則とする国民国家の時代になると、兵士の多くは普通の国民でもあり、市民社会と軍隊の価値の境界はいよいよ曖昧になる。ここに、プロフェッショナリズムに由来する軍事固有の文化の限界が見えてくる。とはいえ、先の事例を見るならば、国民戦争の時代でも国境を越えた軍事文化がその意義を完全に失ったわけではなさそうである。

しかしながら、民族対立や人種差別が背景にある国家間、集団間の戦争で、こうした軍事文化はどこまで成り立つのであろうか。たとえば同じ第二次世界大戦でも、独ソ戦でドイツの軍人とソ連の軍人にそのような共有できる価値はあり得たのであろうか。ましてや、正規軍同士の戦いですらない今日の非対称戦争で、この議論が通じるとも思えない。ここに軍事文化の限界なり地域的・時代的拘束性を見て取ることができよう。

近年、軍事史は従来の作戦・用兵史や戦史の枠を超え、その射程を大きく拡げた。とりわけ普通の兵士の視点に立った研究は、軍事史固有の領域とそれ以外の歴史学分野との境界をますます曖昧なものにしつつある。我が国でも取り組まれるようになった戦争の経験史などは、もはや軍事史に分類することすら意味がないように思われる。こうした傾向は、軍事的なものが歴史研究に積極的に取り込まれたという意味では望ましい。だが、ここでもう一度、軍隊ないし軍事史固有の領域に立ち返り、そこからあらためて歴史学に問題を投げかけることも必要であろう。その突破口のひとつが、軍隊固有の価値体系＝軍事文化研究からの問いかけに見いだせるのではないかと、私は考えるのである。

（敬和学園大学）

軍事史学

第五十三巻　第四号　目次

◆特集　戦争と福祉◆

書評

文献紹介

軍事史関係史料館探訪㊅

第一次世界大戦における医学と兵士の体

——ドイツを事例に——

梅原秀元

はじめに

一九二三年、カトリックの聖職者で画家のメルヒオール・グロセク（Melchior Grossek）は、骸骨によって死を暗示する「死の舞踏」のモチーフを使って、『死の姿　第一次世界大戦と死の舞踏』という作品を発表した。この中には、骸骨がハーメルンの笛吹き男に扮して軍隊を戦場——死地——へと連れ出す画や、骸骨が大砲の脇に立ち狙いを定め発射しようとしている画などがあり、これらによってグロセクは、大戦と死を密接に結びつけて表現している(1)。

グロセクの『死の姿』の一年後、オットー・ディクス（Otto Dix）による有名な連作版画『戦争』が発表された。この連作の中で、ディクスはイーペル（Ieper）攻防戦の激戦地ワイツハーテ（Wijtschate）平原が死体で埋め尽くされ、夕焼けに染まっている光景を描き（「ワイツハーテ平原の夕焼け」）、戦場の泥の中に埋もれた死者（「泥の中の死者」）や、銃撃や砲撃で粉々にされた兵士（「粉々にされた者たち」）、毒ガス攻撃による死者（「眠れる兵士」）など、この戦争における様々な死を描き出した(2)。

これらの美術作品に象徴的に見られるように、第一次世界大戦は兵士の死や傷病と密接に結びつけてイメージされていた。実際に、この戦争では、それまでの戦争とは違う質と量の死と傷病とが生み出された。この死と傷病を心身に直接体験したのが将兵であり、救護所や野戦病院で彼らの治療に当たったのが医師や看護婦であった。彼らは、自らの経験と当時の医学知識とを駆使しながら未知の傷病に対処しなければならなかった。最前線での過酷な状況と並行して、本国ではこうした経験が医学のさらなる発展に寄与すると考える医学者が少なくなかった。第一次世界大戦と医学は、前線から銃後まで様々な様相を見せながら密接に関係していた。

第一次世界大戦と医学については、とくに二十世紀末以降欧米で精力的に研究が進められている[3]。テーマも、精神医学史の領域で早くから研究が進んでいる戦争神経症[4]や、戦闘中の傷病によって障害と障害者となった将兵について[5]、顔面損傷と歯科・口腔外科の発展[6]や、看護婦についての研究[7]など、完全に把握することができないほど広がりを見せている。

日本でも、障害を負ったドイツの兵士についての研究[8]や、英国における第一次世界大戦と戦争神経症についての研究[9]が行われ、第一次世界大戦と医学について、次第に光が当てられるようになっている[10]。

こうした研究状況を背景に、本稿では、とくにドイツを事例に、先行研究と当時の医学関係の印刷資料（専門雑誌や専門書）[11]に基づいて、外科領域を中心に、第一次世界大戦中の負傷とその治療、そして負傷した兵士の体について素描し、この戦争が医学と兵士の体にどのような跡を残したのか、そして、この戦争の特徴である「総力戦」との関係でこの跡がどのような意味を持つのかを検討したい。

一　第一次世界大戦での兵士の死傷

一九一四年八月初めにドイツはフランス、ロシアに宣戦、さらにイギリスがドイツに宣戦して大戦が始まった。ドイツではいわゆる「一九一四年八月の熱狂」とともに、多くの若い男性が動員され、戦争が進むにつれて、十代後半や四十代の男性も動員されるようになった。こうして一九一四〜一八年にドイツで約一三六七万人が動員され、そのうち約二〇〇万人が死亡した[12]。

このように、死傷者の実数だけを見るとそれまでの戦争と比べると桁違いだったが、常にそうした数の死傷者が出ていたのではなく、大きな作戦行動や会戦があった時に極端な数の死傷者が出ていた。例えば、ベルギー北部の交通の要衝イーペルの三度にわたる攻防戦では、第一次攻防戦でドイツ側の死傷が約一三万人、第二次が約三万人、第三次で約二一万人に上った。また、有名なヴェルダン（Verdun）会戦（一九一六年）で約三三万、ソンム（Somme）会戦（一九一六年）で約四六万、一九一八年のルーデンドルフ（Ludendorff）大攻勢時の一九一八年三月二十一日から四月五日に約二三万人の死傷者が出た[13]。

戦闘では、機関銃や戦車、大小様々な砲弾、毒ガスなど新しい兵器が開発、投入された。これらを使った攻撃では、誰が誰に対して攻撃しているのか、自分が誰によって殺されたのかは、もはやはっきりしなかった。砲弾の直撃によって体が四散するように死んだ者もあれば、毒ガスによって死んだ者もいた。死ぬまでの時間も、負傷後の化膿などによって長い時間かかる場合もあれば、戦場で銃弾や砲弾の破片が当たって、一瞬で死ぬ者もいた[14]。戦場での死者の姿も様々であった。砲弾や地雷で粉々になり吹き飛んだ死体や死んだまま戦場に打ち捨てられて腐敗した死体があり、他方では、心臓を撃ち抜かれて、そのままの姿勢で死後硬直した死体のような、硬直型の死後硬直が目撃された[15]。大戦では、医師の前にたどり着けず、診察や治療を受けることなく死んだ兵士が少なくなかったと思われる。そして、戦中・戦後の医学書や医学の専門雑誌では、こうした死体の状況についてほとんど書かれることはなかった。このことは、これらの死や死体は医学にとってあまり意味がなかったことを示唆していると思われる。

　様々な死や死体が生み出された大会戦や大作戦が無い時でも、将兵は、塹壕の水たまりや泥、人血、死体、ネズミや無数の虫といった非常に劣悪な状況下で、弾薬や食糧の補給などの体力を消耗する様々な雑事をこなさなければならなかった。弾薬の補給は事故の危険と隣り合わせの危険な作業だった。さらに、身体がなまるのを防ぐ目的もあって、パトロールと称して付近を行軍した。その際、敵軍に遭遇すればそこで戦闘になり、また、敵軍が塹壕近くまでくればやはり戦闘になり、死傷者が出た。そして、一度作戦行動に入ると、兵士たちは重い装備を背負って行軍しなければならなかった[16]。塹壕で常に緊張した状態に置かれた兵士は心身を少なからず疲労させ、心臓の異常（戦争心臓）のような身体症状が出る場合もあった[17]。

　このような疲労による心身の異常以外にも、兵士は様々な傷病に襲われていた。戦時中、医師が診察した傷病で、最も多かったのは戦闘中の負傷だったが、それと同じくらい多かったのが、胃腸系の疾患だった。さらに、皮膚に関する疾患や、感染症、肺病も少なくなく、性病や精神科・神経科系の疾患も無視できないものだった[18]。将兵は、戦闘での銃弾や砲弾などによる死傷と戦場での様々な傷病と隣り合わせの日常を戦地で過ごしていた。戦地には医師のもとに現れることすらなかった多くの兵士の死体が打ち捨てられ、他方で負傷や病気でも命のあるものは、医師のもとに運ばれたり、自ら医師を訪れて治療を受けることができた。次に、この大戦に医師がどのように参加したのかを見てみよう。

二　第一次世界大戦での医師の参加と活動

　ドイツの全国民を包んだ「八月の熱狂」は医師にも及んだ。一九一四年九月七日付のドイツの大学教授たちによる開戦支持の声明には、細菌学者で第一回ノーベル医学賞受賞者のエミール・ベーリング（Emir Behring）、梅毒に対する化学療法としてヒ素を使った治療薬サルヴァルサン（Salvarsan）の開発でノーベル賞を受賞したパウル・エーリヒ（Paul Ehrlich）、外科医で当時ベルリン大学医学部外科教室教授のアウグスト・ビア（August Bier）、ハイデルベルク大学医学部外科教室教授でガン研究のパイオニアでもあったヴィンセンツ・ツェルニー（Vincenz Czerny）、著名な神経学者のヘルマン・オッペンハイム（Hermann Oppenheim）といったドイツの名だたる医学者が名を連ねた。[19]その一カ月後には、ドイツ全大学の教授が連名で戦争支持の宣言を行った。[20]こうして、戦争に参加したドイツの医師の数は二万四七九八人に及び、その約三分の二が戦地に、三分の一が銃後の戦時病院で活動した。[21]

医師の志願意欲は、旺盛だったと思われる。これは、開戦から数カ月たった一九一四年末に、ザクセン（Sachsen）地方のある医師が『ドイツ医学週報』に、自分はずいぶん前に志願したのに、周囲の後から志願した医師のほうが先に招集され、自分はまだ招集されていないのはどういうことなのかと不満を述べた手紙を寄せていることからも窺える。[22]ドイツの医師全体で見ても、彼らは、この戦争において、傷病によって一時的に戦線を離れざるを得なくなった将兵を、ドイツの最新の医学の力によって治療し、再び戦場へと送るという使命感を抱いていた。[23]第一次世界大戦は、ドイツの医師たちにとって、それまでのドイツの医学の到達点を示すとともに、戦争という国家の非常時において国家への貢献を示す機会としてとらえられていた。

ところで、実際に、医師たちは事前に想像していたように治療できたのだろうか。この点について外科領域を見てみると、ドイツの外科医にとって、開戦時の自負と想像と、実際の戦場でのギャップが非常に大きかったことが、戦後に出版された『ハンドブック　世界大戦における医師の経験』の第一巻に対する序文の次のような記述から窺うことができる。

殺菌・滅菌の時代にある文化民族の戦争は、戦争による傷の経過において、以前とは全く別のより良好な姿を見せるに違いない、という想像は、私たちをいたく失望させた。新時代の兵器や戦地の土壌の状態、進軍中や塹壕にいる際の兵士の衛生状況の悪さなどによって、おびただしい数の重篤な創傷感染が常に別の、時には新しい形態をともなっておこり、我々の精神を深く動揺させた。[24]

フランスのルイ・パスツール（Louis Pasteur）やドイツのロベルト・コッホ（Robert Koch）による細菌学の確立や、

ウィーンの産婦人科医イグナツ・ゼンメルヴァイス（Ignaz Semmelweis）による術場の消毒による創傷感染減少の発見を経て、十九世紀末にイギリスの外科医ジョゼフ・リスター（Josef Lister）によって、医療現場における創傷感染を防ぐための殺菌・滅菌の方法が確立された。その「殺菌・滅菌の時代」という最新の医学の段階にある我々であれば、戦争による傷病を軽々と克服できるに違いないという自負を医師は持っており、その自負が、全くの幻想であったことを引用は示している。

実際に、第一次世界大戦の外科領域で大きな問題となったのが、この創傷感染であった。とくに破傷風菌の感染と、何らかの菌に感染したことによる化膿、壊疽・壊死、敗血症、及びショックは、手当が遅れると死に直結した。

この二つの創傷感染の中で、破傷風に対しては、ロベルト・コッホ門下のエミール・ベーリングと北里柴三郎によって血清療法が確立されており、平時であれば、大事に至る創傷感染症ではなかった。しかし、陸軍での、血清療法の受け入れがあまり進まず、宣戦布告時に陸軍はわずかな血清しか保有していなかった。他方で、戦場や塹壕の衛生状態はひどく、兵士自身も衣服をはじめ清潔な状態にはなかった[25]。そうした状況で負傷した場合、破傷風菌に感染する可能性は大きかった。さらに、負傷して移送される途上での感染の可能性も低くなかった[26]。

こうした状況下で、ドイツ軍では、一九一四年八月から十二月の約四三万人の負傷者に対して、一、六五六人の破傷風罹患者（一、〇〇〇人当たり三・八五人）が出た。この比率は、一八七〇・七一年の普仏戦争の時に匹敵するものであった[27]。西部戦線に近いシュトラスブール（Strasbourg）市とその近隣の野戦病院での破傷風についての調査では、第一五軍団野戦病院とミュールハウゼン（Mülhausen）市立病院で一九一四年八月一日から十月三十一日に治療した二万七六七七人の負傷兵に対して、一七四人（一、〇〇〇人当たり六・二八人）が破傷風にかかっていた。また、シュトラスブールの要塞野戦病院で一万五三一四人の負傷者中六九〇人が死亡し、その中で一〇一人の死因が破傷風だった（死者の一一パーセント）。さらに、破傷風の治療や予防について、破傷風抗毒素を三七の野戦病院では予防的には使っておらず、三九の野戦病院では「場合に応じて」使っており、「患部が土や埃で汚れている」場合や「傷が深い」「砲撃による負傷」「跳弾による負傷」の場合に使っていた。使う量についても統一されておらず一回に二〇単位が注射で投与されることが多かった。投与される時期もまちまちで、野戦病院に運び込まれてから一週間以上たっていたケースもあった[28]。

この事態に対して、陸軍軍医総監のオットー・フォン・シェルニング（Otto von Schjerning）は一九一四年九月五日に破傷風の抗毒素の増産と血清の野戦病院及び衛生大隊への配布を指示した。しかし、もともと陸軍では血清を用いた破傷風の予防や治療の経験が無かったために、血清を無駄に使ってしまう事例が続出した。そこで、一四年十月四日にフォン・シェルニングはベーリングの助言のもとで、血清を負傷の面積が広くかつ非常に汚染されているケースの予防のために使うことを指示した[29]。ベーリング自身も、破傷風血清について、『ドイツ医学週報』にまず破傷風の予防及び治療がどのようなものかを説明する論文を寄稿し、さらに、臨床の現場で見極めなければならないが、血清の適正な使い方について〇・二単位分の血清で予防可能だろうと述べた[30]。一九一五年四月には、ドイツ国内で生産された血清に加えて、アメリカ合衆国からも輸入することによって、必要な血清が確保され、一五年夏以降は、破傷風の患者は大きく減少した。血清を予防に使うよう助言したベーリングが一七年に死去した際には、彼の追悼記事にこの助言によって多くの兵士の命が救われたことが触れられた[31]。

次に問題となったのが、破傷風以外の創傷感染とそれによる化膿、壊疽・壊死、ショック症状だった。この感染でも、破傷風の場合と同様、銃弾や砲弾の破片そのものによる感染だけでなく、将兵の既に汚れている衣服や塹壕の土壌、そこに溜まっている泥水による傷口の汚染を原因とする細菌感染など様々な経路での細菌感染が問題となった。

戦闘による創傷感染では、どのような攻撃を受けたのか、移動戦中か塹壕戦中かなどでその発生や経過が変わった。創傷の原因となった攻撃の種類では、銃弾、砲撃（榴弾、榴散弾）や手榴弾などで創傷感染とその後の経過で違いがあった。創傷の原因の中で、最も経過が悪かったのが、砲撃によるもので、機関銃の掃射による負傷が次に重く、銃弾が単発で当たった場合が最も軽かった。また、銃弾や破片がどのように体に当たったのかによっても経過が違った。最も経過が軽かったのは、銃弾が変形せずに、柔らかい組織（肉や脂肪）の部分に当たり、そのまま通り抜けた場合であった。こうした創傷の場合は、傷口の治りも早く、組織の損壊も少なかった。ただし、柔らかい組織に銃弾が当たった場合でも銃弾が体内に残ったり、跳弾のような銃弾の形が歪んだ状態で当たった場合は、傷口がきれいではなく、組織の損壊もひどく、化膿やそれにともなう壊疽・壊死がおこるなど治療後の経過もよくなかった。砲弾の場合も、銃弾と同様だったが、細かい破片を大量に浴びたり、破片が銃弾よりも大きかったりするなど、損傷の程度は重くなった[32]。

ところで銃弾の変形と銃創の関係について、戦争初期にドイツ側の医師がしばしばイギリス軍によるいわゆる「ダムダム弾」[33]の使用を疑った。当時の医学雑誌には、それを証拠立てるように、イギリス軍による銃弾として変形した銃弾の写真が使われた。[34]『ハンドブック 世界大戦における医師の経験』においても、そうした主張がなされた。[35]こうした記述は、イギリス軍に対する批判であるとともに、ドイツ軍は装甲をしっかりとした銃弾を使っていると対比し、ドイツ軍がイギリス軍のような非道なことを行っていないことも同時に主張した。ただし、こうしたドイツ側の主張はあるものの、イギリス軍によるダムダム弾の使用は確認されなかった。[36]

大戦時に、西部戦線の兵士の銃創についての臨床・疫学研究を行ったアーヘン（Aachen）市の戦時病院の医師ゲオルグ・マルヴェデル（Georg Marwedel）によれば、これらの負傷には連鎖球菌が頻繁に感染しており、土中深くにいるガス腐敗を起こす嫌気性細菌をともなっていて、兵士の患部が壊疽や壊死を起こす原因となっていた。後者への感染の頻発は平時であれば起きないことであった。これについて、マルヴェデルは、この戦争が、砲撃や塹壕で深い層の土が抉られ吹き飛ばされる「土の戦争」（Erdkrieg）と呼び得るような状況になったことで、空気に接触しない場所を好んで生息する嫌気性細菌に感染しやすくなったことを挙げている。兵士は塹壕で砲撃にさらされている時、砲弾だけでなく、自らが立っている地面の土によっても攻撃されていた。さらに、感染と症状の重さについては、兵士によって差があり、それは、細菌や感染状態に由来するものではなく、むしろ、個々の兵士の体質を含めた体自体の違いや、負傷した身体の部位、負傷時のその兵士の心身の状態の影響が大きかった。[37]

こうした調査・研究は、負傷した部位の壊疽や壊死が兵士の死や四肢の切断に直結したので重要な意味を持った。マルヴェデルは、壊疽や壊死の危険性を指摘したうえで、例えば、四肢の切断については慎重に対処し、患部の炎症や化膿などで発熱があり、それが長引いたとしても可能な限り切断せずに残そうとしたとしている。他方で、銃弾や砲弾の破片による負傷した患者に対して手や足を早期に切断した場合、感染やその拡大を迅速に防げれば、医師はその患者に対してより多くの治療ができ、なかなか助けてくれないという酷い非難を受けないですむともしており、四肢の切断については、個々の医師の考え方も影響を与えることを示唆している。[38]

前線から後方に至る医師たちは、土壌をはじめとする平時のドイツ国内とは大きく異なる条件下で細菌に汚染された様々な創傷とその後の様々な症状に直面した。多くの場合、それらは医師たちにとって初めてのものであり、十分な経験や研究が無いものであった。そうした中で、医師たちは兵士の命や体の将来に関わる決定を瞬時に行い、治療という名のもとに兵士の体に手を加えた。その時兵士は、医師に自らの体の将来を委ねざるを得なかった。

それでは、そうした治療が行われた場――救護所や野戦病院・戦時病院――はどのような所だったのだろうか。次にそれについて見ていくことにしよう。

三 「肉屋の台所」と「待合室」
――救護所と野戦病院・戦時病院――

負傷や病気の将兵は、救護所や野戦病院に送られ、そこで治療を受けた。大戦時のドイツ陸軍の野戦病院の体制については、一九〇七年の「戦時衛生令（Kriegssanitätsordnung）」をもとに、戦闘中の負傷に対応する軍医から、最前線にある救護所、そこから後方の野戦病院、さらに後方の戦時病院と、前線から本国まで段階的に医療人員と施設について定められた[39]。それぞれの施設がどのようなものであったのかについて、例えば、従軍した陸軍軍医少佐アーヴィン・フランク（Erwin Franck）が医学雑誌に寄せた手紙から窺うことができる[40]。それによると、連隊付きの軍医や衛生中隊などの最前線にいる軍医は、軍医見習士官がいる場合もあるが、絶え間なく火砲が鳴り響き、塹壕内深部にまで砲弾やその破片が到達するような中で、たいていは様々な傷病にほぼ一人で対応せざるを得ず、医師としての知識や技術を覚えるので精一杯といった状況だった。ただし、こうした過酷な状況下でこそ、軍医は最高のものを得ることができるともフランクは記している。

この最前線から後方一〇から一五キロメートル離れた場所に設置されたのが、野戦病院（Feldlazarett）だった。軍医少佐などの比較的階級の高い軍医で外科医が指揮するとともに、内科と外科の連携も見られた。軍医見習士官も複数いて軍医の補助を行っていた。さらに、バターやチーズといった食糧もあり、ワインさえ不足していなかった。戦闘が始まると各部隊の救護所から傷病兵が絶え間なく運ばれるものの、最前線と比べれば安楽な場所であった。

野戦病院からさらに後方、作戦地域から一五から二〇キロメートル離れ、兵站基地の中心に置かれたのが戦時病院（Kriegslazarett）だった。この病院は、野戦病院よりもさらに規模が大きく、学校や既存の病院など衛生的に問題が無い大きな建物を利用していた。医師も、外科医の他に、内科、精神科、皮膚科、性病、眼科、耳鼻咽喉科、歯科などの専門医が勤務し、手足の切断部分の調整のための手術をはじめ様々な手術も行われていた。さらに、患者〔＝将兵〕や医師、看護婦などのレクリエーション設備も整っていて、前線や野戦病院よりも格段に快適な施設だった。この戦時病院は、戦争の長期化にともなって常設病院と似た状態になった。

このように、傷病兵の治療のための体制が作られていったが、最前線での状況については、記録として残りにくく、文学作品などでしばしば叙述された。例えば、作家のレオンハルト・フランク（Leonhard Frank）は「戦争不具者」（"Kriegskrüppel"）という短編で最前線の救護所ないし病院を「肉屋の台所」と称して、以下のように描写している。

「肉屋の台所」はとても大きな部屋で縦が横の二倍はあり、天井が低い。〔中略〕平らな石でできた床には〔大きい袋に麦わらをつめた〕わら布団が敷き詰められており、一つ一つに人が一人ずつ横たわって――人間として余っているモノが乗って――いる。顎のところまで毛布がかかっている。

ノコギリで切り落とされた手、腕、足、脚部が血と綿と膿みの中で泳いでいる。これらは高さ一メートル・幅二メートルの移動可能なバケツの中に入っている。このバケツは扉のところの角にあり、毎晩、空にしている。非の打ちどころのない秩序。たった二〇センチしかないわら布団の間の通り道にも、中央の通り道にも、〔救いとなるような〕藁一つない。わら布団の列が五つある。

亜鉛板で覆われた手術台が部屋の真ん中の通路にある。窓は閉められている。三分後再び、腐って焼けただれた傷や膿、古い血液、死体の血液、石灰とリゾールが混ざったモワっとした温かい臭気が肉屋の台所に立ち込め、新鮮な空気に慣らされている健康で屈強な人間が〔この部屋に〕入ると、一分もすると彼の眼前の色が回るように見え、足の下の地面が揺れ動くように感じる。

前線のすぐ背後にあるこの肉屋の台所では、応急処置が行われる。迅速に。一秒の時間のロスも無く。ここでは〔手足の〕切断が行われる。肉屋の台所は、戦場からすぐのところだ。切断が必要な者はみな運び込まれる。将校も兵士もだ。一五分遅れればそれは死を意味することさえある。意識を失っておらず、眠っておらず、しかし身動きせず、ほんとうに動かず静かに横たわり、燃えるように熱い弾丸を顔面に受けている、手か足の切断をされた者が見捨てられ、既に死んでいる。

ほかにも、大声でわめいたり、はね起きたり、身をねじまげたり、身をよじったり、生まれたばかりの猫のように泣き、熱にうなされて笑い、〔手や足を〕切断された体をゆっくりと絶えず動かしている。
　彼らに対して、最も幸運な者は、失神状態から目覚め、また失神する。もあっとした臭気のせいだ。肉屋の台所はさして明るくはない。〔後略〕
（筆者訳：〔　〕内は、筆者による補足）[41]

　フランクの描写から、最前線の病院を象徴する光景を構成するものが、傷ついた瀕死の将兵と彼らの手当をする医師、将兵の負傷から流れ出る新旧の血と膿、切断された四肢、切断した四肢を捨て置くゴミ箱、手術台、わら布団、手当をする道具、消毒剤、そしてこれらが醸し出す強烈な臭気と将兵たちのうめき声といったものであることが窺える。そして最前線の医師のところには、負傷した将兵が絶え間なく運び込まれ、医師はまず誰から治療するかを瞬時に判断しなければならなかった。それは、将兵にとっては、死ぬのを待つか生への望みを持てるかの最初の関門であった。その後、医師はさらに治る見込みのある将兵を後方の病院へ送り、その見込みが無い将兵に対しては特に何もしなかった――死ぬに任せた――と思われる。さらに、フランクの描写からは、最前線では、消毒はなされてはいるものの、十分に殺菌や滅菌が行われているのかは疑わしい状態であっただろうと想像される。

　後方の戦時病院へと送られると、そこでは最前線とは異なり、患者である兵士は落ち着いた状態で過ごすことができた。こうした病院について遺されている写真や絵ハガキなどからは、回復に向かう兵士たちが音楽に興じたり、病院のスタッフたちと穏やかに過ごしている様子を窺うことができる[42]。

　しかし、戦時病院で「治る」ことは、そこの患者――将兵――にとって多義的な意味を帯びていた。仮に十分戦闘可能な状態にまで回復していれば、その患者は再度戦場に投入された。まだ十分に回復していなければ、本国の故郷に一時的に返されたが、そうした兵士には、二度と戦場に送られたくないと考える者も少なからずいた。そして、四肢切断などによって、死ぬことは免れたものの戦場に投入できない者は、故郷へ返された。この場合、戦場で死ぬことは無くとも、社会的・職業的な問題を抱えることになり、未来は不安定であった。戦時病院で「治る」ことは、必ずしも明るい未来を示すわけではなく、むしろ様々な未来への「待合室」であったと考えられる[43]。

四　壊れた体のリサイクル――脚・腕の切断と義肢――

　先に引用したフランクが救護所の日常的な光景として四肢の切断を描いたように、第一次世界大戦の一般的なイメージとして、四肢のどれかの切断を受けた兵士の姿があった。しかし、実際切断を受けた将兵が何人いたのかについて、はっきりとした数は分かっていない。戦争初期には、こんなに多く切断されるのかという意見も、こんなに切断が少ないのかという意見も両方見られ、アーヘンの野戦病院の医師のマルヴェデルは、自身は切断には慎重だったが、他の医師は違っていたと述べている[44]。戦後のドイツにおける負傷兵への支援について研究した北村陽子によれば、ヴィースバーデン（Wiesbaden）県（Regierungsbezirk）で戦後再就職した戦争障害者の障害の種類について、四肢のどれかを損失した者が、再就職者全体（九、五六〇人）のうち七四四人（約七・八パーセント）あった[45]。また、一九二〇年代にドイツの第一次世界大戦による負傷及び遺族の統計を調査したヨーゼフ・ノートハース（Josef Nothaas）によれば、七万件の切断術が行われたとされている[46]。

これらの数字が多かったのか少なかったのかはよく分からない。いずれにしても、救護所や野戦病院は、ひっきり無しに負傷者が担ぎ込まれ、と同時に攻撃される可能性があり、場合によっては治療施設全体が後退しなければならないなど、戦場の非常に難しい状況下にあった。さらに外科の経験の乏しい若い医師も手術をしなければならなかった。こうした条件のもとで、重傷者の命と四肢の残存部分を守るために、迅速かつ簡便な応急の手術が切断手術だった。手術の際には、平時とは異なり、患部の消毒も簡易的にしかできず、医師自身の消毒が難しい場合は手の消毒で済ませなければならなかった。麻酔は、緊急時にはエーテルによる麻酔が使われた。そして輸血がまだ実用化していなかったため、大量失血を防ぐために患部の止血が非常に重要だった[47]。

切断の次に重要なのが、切断部の処置だった。しかし、大戦での切断は、平時とは違った問題があった。とくに重要だったのが、患部の感染とそれにともなう炎症や化膿、さらに壊疽だった。戦場での負傷は既に細菌感染しており、患部からかなり離れた場所で切断し、肉眼では感染の兆候が無くとも、処置後の切断部における細菌感染とそれにともなう炎症や化膿を、医師は常に頭に置いていた。しかし、経験の無い医師の場合、そうした兆候を見逃すことが少なくなかった[48]。

切断部の処置については、切断後の機能回復に義肢の装着が必要なことから、切断部の縫合の仕方や神経の処理を適切にし、切断部が義肢装着にともなう負荷に耐えられるようにすることも必要だった。さらに、骨に関しても、義肢装着時に痛みを感じないような神経の処理や、骨形成などの処置がなされた。義肢には、前腕部の骨を鋏の先のよ

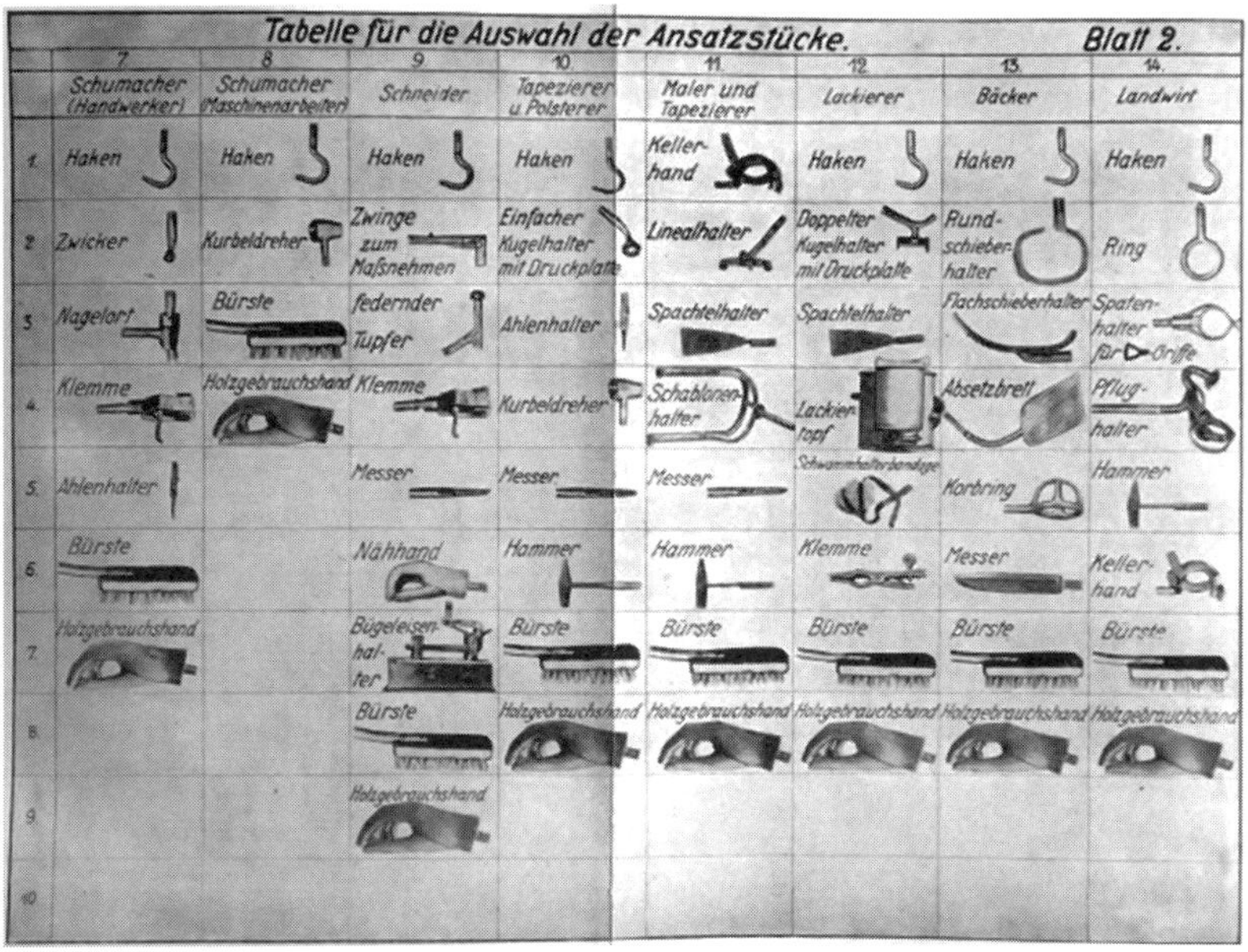

Tabelle für die Auswahl der Ansatzstücke. Blatt 2.

	7 Schumacher (Handwerker)	8 Schumacher (Maschinenarbeiter)	9 Schneider	10 Tapezierer u Polsterer	11 Maler und Tapezierer	12 Lackierer	13 Bäcker	14 Landwirt
1.	Haken	Haken	Haken	Haken	Keller-hand	Haken	Haken	Haken
2.	Zwicker	Kurbeldreher	Zwinge zum Maßnehmen	Einfacher Kugelhalter mit Druckplatte	Linealhalter	Doppelter Kugelhalter mit Druckplatte	Rund-schieber-halter	Ring
3.	Nagelort	Bürste	federnder Tupfer	Ahlenhalter	Spachtelhalter	Spachtelhalter	Flachschieberhalter	Spaten-halter für ▷-Griffe
4.	Klemme	Holzgebrauchshand	Klemme	Kurbeldreher	Schablonen-halter	Lackier-topf	Absetzbrett	Pflug-halter
5.	Ahlenhalter		Messer	Messer	Messer	Schwammhalterbandage	Korbring	Hammer
6.	Bürste		Nähhand	Hammer	Hammer	Klemme	Messer	Keller-hand
7.	Holzgebrauchshand		Bügeleisen-hal-ter	Bürste	Bürste	Bürste	Bürste	Bürste
8.			Bürste	Holzgebrauchshand	Holzgebrauchshand	Holzgebrauchshand	Holzgebrauchshand	Holzgebrauchshand
9.			Holzgebrauchshand					
10.								

図１　義手の種類一覧

出所　Böhm, „Schmuck- und Arbeitsarme".

うに形成することで残った腕自体を義手代わりにするクルケンベルク（Krukenberg）形成術のようなものもあったが、人工的に作られた義肢の装着が一般的だった(49)。

義手の場合は、図1にあるように、装着する用途や患者の希望に応じて様々な種類のものがあった。事務作業が主な患者には、手を模した義手が、工場などで作業をする場合には、その作業に必要な工具を備えた義手も作られた。さらに外科医のフェルディナンド・ザウアーブルッフ（Ferdinand Sauerbruch）は患者の意志で指を動かすことができる義手を開発した(50)。義足も、歩いている時の脚の動き方を分析して歩くのに適した構造を研究するとともに、装着時の患部の負担をできるだけ軽減するような義足の開発と製造が行われた(51)。

四肢の切断とその後の義肢装着によって、戦場で負傷した兵士の社会復帰を担ったのが、二十世紀初頭から学科としての形ができてきた整形外科と、それと連携する義肢製作の技師や企業だった。とくに、コンラート・ビエサルスキ（Konrad Biesalksi）をはじめとする整形外科医は、第一次世界大戦による大量の身体障害者の発生を学科確立の好機ととらえ、負傷した兵士の治療に尽力するとともに、早期の社会復帰のために、公私立の病院や施設で彼らの訓練を行った。さらに、既に戦時中から、整形外科や戦争による身体障害者についての移動展覧会や講演を開催して、一般の人々の啓蒙にも努めた(52)。

こうして、整形外科医は、戦争で腕や脚を失った兵士を再び社会で使えるようにすることで国家への貢献を示すとともに、彼らと整形外科の医学と社会での意義を高めようとした。他方で、これらの兵士たちは、戦争で一旦は使い物にならなくなった体を、医学と義肢の力で再び使い物になるものにし、戦争遂行のために労働や場合によっては軍務につくことになった。兵士の体は、医学によって国家のためにいわばリサイクルされたのだった。

五　死してなお有用な体
――第一次世界大戦時の病理解剖学と将兵の死体――

大戦中の医師や医学書、医学の専門雑誌の関心は、傷病をどのように治療し、兵士を軍務や労働にどうやって復帰させるのか、さらには傷病をどのように予防するのかといった問題に集中し、兵士の死と死体はたいていの場合意味を持たなかった。しかし例外的に死や死体が意味を持つ領域が存在した。それが病理解剖学で、その中心にいたのが、フライブルク（Freiburg）大学医学部病理学教室教授のルートヴィヒ・アショッフ（Ludwig Aschoff）だった(53)。

アショッフは、政治的には十九世紀末の教養市民層に広く見られた保守的な志向を持ち、医師の中では珍しく一八九八年の帝国議会選挙の際には、左派勢力に対抗する結集政策を支持する演説をするなど、政治的に活動的な面も見られた。さらに、利己主義の拡大によって、ドイツの文化が危機にさらされており、ドイツ文化をこの危機から、個々人の利害関心を超えたところにある民族共同体を通じて救い出さねばならないと考えていた。ドイツ文化を大切に考えるアショッフの立場から見ると、第一次世界大戦は、文化の戦争でもあった。多くのドイツの医学者同様、アショッフも戦争時にはドイツを熱烈に支持し、病理学者としてドイツに貢献することを期した。実際に、戦時中、ドイツの病理学の中心に立ち、戦時中の医療衛生体制の中に病理学を「戦時病理学」として位置づけるとともに、治療と研究の両面からドイツの戦争遂行に貢献した(54)。

この戦時病理学について、戦時中の一九一六年四月にベルリンで開催された「ドイツ病理学・病理解剖学会」で、アショッフは「戦時病理学の課題」というテーマで報告している(55)。この中で彼は、それまでの戦争と異なり、第一次世界大戦は長期戦になり、とくに西部戦線では塹壕戦による持久戦となり、前線の部隊が同じ場所に比較的長く駐留し、野戦病院や戦時病院が常設の医療施設並みの状態で維持されていることを指摘した。これによって、病理学者たちが、多くの死体を迅速かつ体系的に解剖し、正確に記録することができ、その兵士の主な傷病が何で、死因が何なのかを特定できるとした。さらに、アショッフは、戦争では、若年から青年の年齢層の壮健で目立った既往歴の無い大量の男性がおり、彼らが銃創を負った後に死亡した場合、すぐに解剖し、様々な疑問に答えることができると述べた[56]。いわば、戦争は、条件が均一の様々な症例を病理学に提供してくれたのである。そして、アショッフは、この膨大な症例の一つ一つについて、主要な臓器の重さと大きさ、状態の変化を正確に調べるとともに、季節や天候、栄養状態、塹壕と病院の心理的な影響、そして個々人の形質の違いに注目して調査し、病理学者が、戦争による損傷をめぐる疑問のために、必要な解剖学的基礎を作らなければならないと主張した[57]。

報告でアショッフは、銃弾や砲弾による創傷、壊死や壊疽を起こす原因とされた嫌気性細菌による創傷感染、その他の様々な戦時中の疾患について、病理学的な研究が進められ、そうした研究蓄積が、平時における疾患や負傷のケースとの比較研究にも役立つと述べた。そして、戦争中の病理解剖学の調査と観察によって得られた標本や報告をベルリン、ミュンヒェン、ウィーンの軍医学校に集積して、医学研究に供することを提案し、実際に集積をしていることを報告した[58]。カイザー・ヴィルヘルム軍医学アカデミー（Kaiser Wilhelms-Akademie）に作られたベルリンの戦時病理学コレクションは、およそ六千の標本と、七万体分の死体解剖の記録を有するものとなった[59]。こうして、戦場で救護所や病院に運び込まれて死んだ将兵の体は、解剖された後にその記録の中に文章として保存され、さらに彼らの一部の者たちの体の全部ないし一部が標本として保存・展示され、医学研究と医師養成に役に立つ資料へと変化したのである。

六　戦争のポジとネガ
——戦後のドイツ社会と負傷した兵士の体——

一九一八年十一月のドイツ革命の後、戦争が終わり、傷病兵は大戦後の混乱の中を決して自由に動くわけではない体とともに生きていくことになった。近年の研究で、こうした元兵士たちがどのように戦後のドイツ社会を生きていたのかが、明らかになってきている。それによれば、戦争終結直後は、元傷病兵たちは祖国のために戦った英雄として尊敬され、負傷は戦争を戦ったことの証として評価されていたとされる。[60]しかし、思うに任せない体へのポジティブな評価は長く続かず、むしろ、元傷病兵たちが生活を営むうえでのハンディキャップとしてとらえられるようになった。とくに、ドイツでは国家が傷痍軍人支援の前面に立ち、国家が彼らを支援するという立場をとったものの、二三年のハイパーインフレーションなどによる経済の混乱などから、国家による支援は元兵士たちが望むようなものとはほど遠いものであった。そのために、彼らは新しい国家――ワイマール共和国――への不満を募らせることになった。[61]

さらに、戦後の元傷病兵の間でも、補償や社会に対する発言力をめぐって格差が生じていた。最も発言力があったのが、四肢切断など、外見でそれと分かる負傷を負った元兵士たちだった。これに対して、戦争中に結核などに罹った兵士や、戦争神経症を発症した兵士は、発言力が弱く、彼らの要求はなかなか社会に反映されなかった。さらに、戦争神経症の患者は、詐病の疑いを常にかけられ、精神科医が詐病を見抜くことに精力的に取り組んだことなどによって、こうした元兵士が戦後を生きることは非常な困難をともなった。[62]

戦後の社会を生きるうえで不自由さを元兵士たちに強いた彼らの不完全な体は、さらに、戦後の様々なプロパガンダにおいて、戦争の負の側面を伝える表象として利用された。[63]一九一六年に社会民主党の機関誌『前進!(*Vorwärts!*)』の編集者となり、一七年に「戦争参加者及び戦争被害者帝国同盟(Reichsbund der Kriegsteilnehmer und Kriegsbeschädigten)」を設立して、大戦の元傷病兵支援にも取り組んでいたエーリヒ・クットナー(Erich Kuttner)は、戦争で顔面を激しく損傷してベルリンの病院の片隅に収容されている元兵士についてセンセーショナルに報じた。この記事では、この元兵士が祖国のために戦ったことへの敬意よりも、この兵士が負った負傷のおぞましさと、死ぬまで光の無い未来、そしてこれらが一体化した戦争の恐ろしさが、激しく損傷した兵士の体を使って表現されている。[64]

元兵士の壊れた、普通ではない体の像を反戦プロパガンダのために効果的に使ったのが、エルンスト・フリードリヒ(Ernst Friedrich)が一九二四年に出版した『戦争に反対する戦争』だった。[65]フリードリヒは、顔面に重傷を負った兵士の写真に短いコメントを添えて、その負傷の恐ろしさを煽ったり、プロイセン皇子がテニスをしている写真と義腕の労働者が工場で作業している写真とを見開きで並べ、前者については「一生懸命に働いている」、後者には「ハードなスポーツをしている」というコメントを添えて、戦争指導者と腕を無くした兵士、それぞれの現状を批判して見せた。フリードリヒが使った顔面損傷の写真は、医学書や医学の専門雑誌に掲載されていたものを利用したといわれている。(66) また、画家のオットー・ディクスの連作版画集『戦争』は、『戦争に反対する戦争』やドレスデンのギャラリー「ノイエ・マイスター」(Neue Meister) の戦争写真の影響を受け、医学用の写真や戦争写真を利用して描かれていた。例えば『戦争』中の「移植」は、「ノイエ・マイスター」にあった戦争写真を直接モデルとしていた (図2、3)。(67)

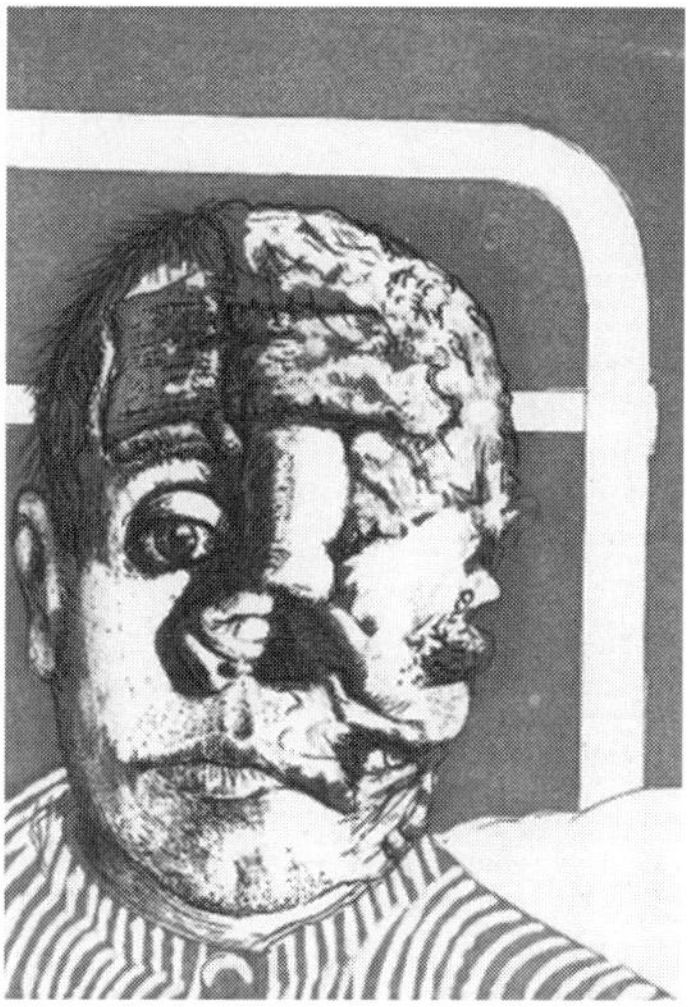

図2　オットー・ディクス『戦争』より「移植」
出所　伊丹市立美術館『オットー・ディックス』。

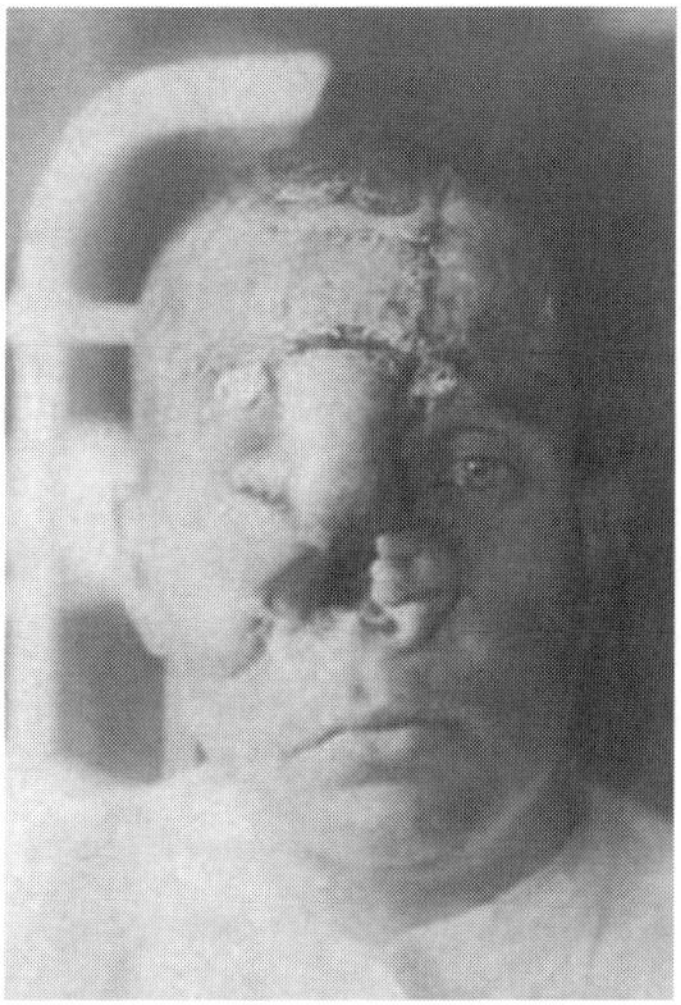

図3　顔面移植を受けた兵士
出所　Werner, „Otto Dix“, Abb. 17, S. 308.

このように、第一次世界大戦でドイツのために戦い壊れた兵士の体は、ワイマール期には、初めこそ名誉を象徴するものだったが、直ぐに、現実の苦しい生活を象徴するものとなり、さらにメディアや芸術によって、戦争の負の部分を象徴し宣伝する媒体へと転換したのだった。(68)

むすび——戦争での死傷、負傷した体、総力戦——

その国の全てを戦争に投入する「総力戦」となった第一次世界大戦で、ドイツでは国家によって若い男性と働き盛りの男性一三六七万人が動員された。それとともに、ドイツの医師の多くが積極的に第一次世界大戦に参加し、医学界も、戦争遂行への協力を惜しまなかった。その中で、医師や医学界は、戦地で負傷や病気をした将兵を死なせずに、再び戦力や労働力として動員可能な状態にすることに、大戦への貢献を見出した。

動員された男性たちは、兵士として戦地に投入されて戦闘に参加した。そして負傷したり病気になった場合、医師

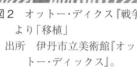

の治療を受けた後、再度戦場へ投入されるというサイクルに放り込まれた。医師は、そのサイクルを治療によって回し続ける役回りを担った。このサイクルから兵士が外れるのは、不可逆的に彼らの健康が損なわれ、戦闘ができなくなった場合、つまり、死んだ場合か、重症・重傷で戦闘では使い物にならなくなった場合であった。兵士がこのサイクルから外れても、医師は治療によって重症・重傷者を軍務や銃後における労務に使えるようにした。傷病兵の治療は、医師にとって、平時では経験できないような、技術訓練と研究の機会でもあり、医師は戦争への貢献の名のもとに、傷病兵の体を医学のために利用した。そして、傷病兵が死んだ場合でさえも、その死者の体を、骨片や肉片一つ一つに至るまで、病理解剖学者が研究素材として使った。そして、これらどれにも該当しない、使い道の無い者——どうやってもその体をリサイクルのしようがない者——は、病院などで人知れず過ごすことになった。

第一次世界大戦を生き残った将兵たちの傷病を負った体は、大戦直後は祖国のために戦ったことを象徴するものだったが、直ぐに、この戦争の持つ負の部分を象徴するものへと転換することになった。傷病兵たちは、戦争における傷病で自分の思い通りにならない体とともに、大戦後の不安定な社会の中で生き延びなければならなくなった。そこでは、彼らの体は、新しい政府——ワイマール共和国政府——に対して補償を求める根拠となるものであり、生活するための糧を得るために、義肢を使うなどして、どうにかして動かせるようにしなければならない体であった。他方で、彼らの体は、その他の人々の体とは時に著しく違うものであり、不快なものでさえあった。この不快さゆえに、傷病兵の体は、戦争の負の部分を象徴するものとして、反戦プロパガンダに利用されることになった。

これらが、「総力戦」としての第一次世界大戦が大量の男性の体にもたらした結果だった。

第一次世界大戦から二〇年後、第二次世界大戦が起きる。この戦争も総力戦だったが、そこでの攻撃は直接の戦場だけでなく、空襲によって銃後も対象とし、前線だけでなく、銃後でも大量の死傷者——その最も極端な例が、広島と長崎に投下された原子爆弾とその被害者であろう——が出た。これは、戦争による死傷が動員された男性だけではなく、その国の広範な住民に及び、第一次世界大戦における傷病兵の経験を銃後の人々も経験することになったことを意味した。戦場、空襲、原爆によって傷ついた体で戦争を「生き残った」あるいは戦争で「生き残ってしまった」という経験とともに、戦後の世界をそのような体とともに「生き抜く」ことを、兵士として動員された男性だけではなく、その国の少なからぬ人々がしなければならなくなる。これが、戦争による傷病とそれを負った体から見た「総力戦」ではないだろうか。[69]

註

（1）Domschatz- und Diözesanmuseum Eichstätt, *Melchior Grossek (1889-1967) Priester und Künstler Scherenschnitte und Druckgraphik* (Eichstätt: Willibaldverlag, 2013).

（2）伊丹市立美術館『オットー・ディックスの版画　戦争と狂乱──一九二〇年代のドイツ──』（展覧会カタログ）（伊丹市立美術館、二〇一〇年）。

（3）このテーマについての研究として、イギリス史では、Mark Harrison, The medical war. British military medicine in the First World War (Oxford: Oxford University Press, 2010)、ドイツ史では、Wolfgang U. Eckart und Christoph Gradmann (Hg.), *Die Medizin und der Erste Weltkrieg* (Herbolzheim: Centaurus Verlag, 1996); Wolfgang U. Eckart, *Krieg und Medizin. Deutschland 1914-1924* (Paderborn: Ferdinand Schöningh, 2013) がある。さらに、ベルギーの医学史家レオ・ファン・ベルゲン（Leo van Bergen）は、西部戦線に焦点を絞って最前線での医療について英仏・ドイツの両方の側の状況を明らかにしている〔Leo van Bergen, *Before my helpless sight. Suffering, dying and military medicine on the Western Front, 1914-1918* (Farnham / Burlington: Routledge, 2009)〕。さらに、ファン・ベルゲンは第一次世界大戦と医学について全体的な概観も試みている〔Leo van Bergen, "Medicine and Medical Service", In: Ute Daniel, Peter Gatrell, Oliver Janz, Heather Jones, Jennifer Keene, Alan Kramer, and Bill Nasson (ed.), *1914-1918-online. International Encyclopedia of the First World War* (Berlin: 2014-10-08. DOI: 10.15463/ie1418.10221)〕。

（4）基本的なものとして、Paul Lerner, *Hysterical Man. War, Psychiatry, and the Politics of Trauma in Germany, 1890–1930* (Ithaca: Cornell University Press, 2003) がある。戦争神経症はトラウマについての歴史研究でも重要な位置を占めており、その観点からの論文集としてマーク・ミカーリ／ポール・レルナー編著『トラウマの過去──産業革命から第一次世界大戦まで──』金吉晴訳（みすず書房二〇一七年）がある。

（5）Heather R. Perry, *Recycling the Disabled. Army, Medicine, and Modernity in WWI Germany* (Manchester: Manchester Unviersity Press, 2017).

（6）Melanie Ruff, *Gesichter des Ersten Weltkrieges. Alltag, Biografien und Selbstdarstellungen von gesichtsverletzten Soldaten* (Stuttgart: Franz Steiner Verlag, 2015).

（7）Astrid Stölzle, *Kriegskrankenpflege im Ersten Weltkrieg. Das Pflegepersonal der freiwilligen Krankenpflege in den Etappen des Deutschan Kaiserreichs* (Stuttgart: Franz Steiner Verlag, 2013); Susanne Rueß und Astrid Stölzle (Hg.), *Das Tagebuch der jüdischen Kriegskrankenschwerster Rosa Bendit 1914 bis 1917* (Stuttgart: Franz Steiner Verlag, 2012).

（8）北村陽子「社会の中の『戦争障害者』──第一次世界大戦の傷跡──」（辻英史・川越修編著『社会国家を生きる──20世紀ドイツにおける国家・共同性・個人──』法政大学出版局、二〇〇八年）一三九─七〇頁、同「障害者の就労と『民族共同体』への道――世界大戦期ドイツにおける戦争障害者への職業教育――」（三時眞貴子・岩下誠・江口布由子・河合隆平・北村陽子編著『教育支援の排除の比較社会史――「生存」をめぐる家族・労働・福祉――』昭和堂　二〇一六年）二六〇―八五頁。

（9）高林陽展『精神医療、脱施設化の起源――英国の精神科医と専門職としての発展1890-1930――』（みすず書房　二〇一七年）第三章、同「第一次世界大戦期イングランドにおける戦争神経症――近代社会における社会的排除／包摂のポリティクス――」（『西洋史学』第二三九号、二〇一〇年）二一七―三六頁、同「戦争神経症と戦争責任――第1次世界大戦期及び戦間期英国を事例として――」（『戦争責任研究』第七〇号、二〇一〇年）五三―六一頁。

（10）例えば、二〇一四年に刊行された山室信一・岡田暁生・小関隆・藤原辰史編『現代の起点　第一次世界大戦　全四巻』（岩波書店　二〇一四年）の『第2巻　総力戦』において服部伸が民間医療の雑誌を手掛かりに大戦のころの健康や医療についての考え方を検証し、上尾真道は、ドイツの精神医学界における戦争神経症の議論を概観している（服部伸「銃後における健康と医療――自然療法運動を中心に――」一六三―八四頁、上尾真道「こころの動員――包摂装置としての戦争精神医学――」一八五―二〇九頁）。

（11）専門書では、戦時中に陸軍軍医総監だったオットー・フォン・シェルニング（Otto von Schjerning）が中心となって大戦後に編纂した『ハンドブック　世界大戦における医師の経験』が重要である。このハンドブックは、全部で九巻からなる。ドイツやオーストリアの著名な医師たちが、医学の主な領域について第一次世界大戦中の体験や経験から得られた知見を、学術的見地から包括的に叙述したものである。第一巻と第二巻が外科、第三巻が内科、第四巻が精神科及び神経科、第五巻が眼科、第六巻が耳鼻咽喉科、第七巻が衛生、第八巻が病理解剖学、第九巻がレントゲン科にそれぞれ当てられている〔Otto von Schjerning(Hg.), *Handbuch der ärztlichen Erfahrungen im Weltkriege 1914/1918*, 9 Bde. (Leipzig: Verlag von Johann Ambrosius Barth, 1921-1934)〕。専門雑誌は、『ドイツ医学週報（*Deutsche Medizinische Wochenschrift*）』や『ミュンヒェン医学週報（*Münchener Medizinische Wochenschrift*）』のような医学全般を対象としたもののほかに、各専門領域の専門雑誌がある。さらに、ドイツ陸軍によって一九三〇年代に編纂された第一次世界大戦期の陸軍の医療衛生についての報告 Heeres-Sanitätsinspektion des Reichswehrministeriums (bearb.), *Sanitätsbericht über das deutsche Heer (Deutsches Feld- und Besatzungsheer) im Weltkriege 1914/1918*, 3 Bde. (Berlin: Mittler, 1934-1938) は、基礎的な資料であるが、本稿執筆時にはこの報告を利用することができなかった。

（12）Robert Weldon Whalen, „War Losses (Germany)“, In: Ute Daniel, Peter Gatrell, Oliver Janz, Heather Jones, Jennifer Keene, Alan Kramer und Bill Nasson (Hg.), *1914-1918-online. International Encyclopedia of the First World War* (Berlin: 2014-10-08. DOI: 0.15463 / ie1418. 10460, 2014).

（13）Jones Spencer, „Ypres, Battles of“, In: Ute Daniel, Peter Gatrell, Oliver Janz, Heather Jones, Jennifer Keene, Alan Kramer und Bill Nasson (Hg.), *1914-1918-online. International*

Encyclopedia of the First World War (Berlin: 2014-10-08. DOI: 10.15463/ie1418.10552, 2017); Gerhard Hilschfeld und Gerd Krumeich, *Deutschland im Ersten Weltkrieg* (Frankfurt am Main: Fischer Verlag, 2013), S. 162; Peter Simkins, „Somme,“ In: Gerhard Hirschfeld, Gerd Krumeich und Irina Renz (Hg.), *Enzyklopädie Erster Weltkrieg*, 2. Aufl. (Paderborn: Ferdinand Schöningh, 2014), S. 851-55; Whalen, „War Losses (Germany)“.

(14) Vgl. Eckart, *Medizin und Krieg*, S. 75f.; Benjamin Zimmermann, *Gewalt im Ersten Weltkrieg. Töten-Überleben-Verweigern* (Essen: Klartext, 2013), S. 25f.

(15) Curt Heihemann-Grüder, „Tod (Tod auf dem Schlachtfelde, kataleptische Totenstarre)“, In: Otto von Schjerning (Hg.), *Handbuch der Ärztlichen Erfahrungen im Weltkriege 1914-1918*, Bd. I (Chirurgie) (Leipzig: Verlag von Johann Ambrosius Barth, 1922), S. 95-99.

(16) Zimmermann, *Gewalt,* S. 25ff; van Bergen, *Before my helpless sight*, Ch.1 &2.

(17) Philipp Rauh, „Die Behandlung der erschöpften Soldaten im Ersten Weltkrieg“, In: Livia Prüll und ders. (Hg.), *Krieg und medikale Kultur. Patientenschicksale und ärztliches Handeln in der Zeit der Weltkriege 1914-1945* (Göttingen: Wallstein Verlag, 2014), S. 90-126; Wilhelm His, „Allgemeine Einwirkungen des Feldzuges auf den Gesundheitszustand“, In: Otto von Schjerning (Hg.), *Handbuch der Ärztlichen Erfahrungen im Weltkriege 1914-1918,* Bd. III (Innere Medizin) (Leipzig: Verlag von Johann Ambrosius Barth, 1921), S. 3-33, hier bes. S. 4-7; August Hoffmann, „Funktionelle und nervöse Herzkrankheiten“, In: Otto von Schjerning (Hg.), *Handbuch der Ärztlichen Erfahrungen im Weltkriege 1914-1918,* Bd. III (Innere Medizin) (Leipzig: Verlag von Johann Ambrosius Barth, 1921), S. 475-500.

(18) Whalen, „War Losses (Germany)“.

(19) Wolfgang U. Eckart, „Die deutsche Ärzteschaft im Furor teutonicus, *Deutsche Ärzteblatt*, Bd. 111, Heft 17 (2014), S. 728-33.

(20) Annonym, *Erklärung der Hochschullehrer des Deutschen Reichs* (Berlin: Kaiser-Wilhelm-Dank, 1914).

(21) Friedrich Ring, *Zur Geschichte der Militärmedizin in Deutschland* (Berlin: Deutscher Militärverlag, 1962), S. 224.

(22) Dr. Schönefeld, “Ohne Titel” (Korrespondenzen), *Deutsche Medizinische Wochenschrift*, Bd. 40, Nr. 45 (1914), S. 1942-43.

(23) Susanne Michl, *Im Dienste des “Volkskörpers„ Deutsche und französische Ärzte im Ersten Weltkrieg* (Göttingen: Vandenhoeck & Ruprecht, 2007).

(24) Erwin Payr und Carl Franz, „Vorwort zur Abteilung, Chirurgie“‘, In: Otto von Schjerning (Hg.), *Handbuch der Ärztlichen Erfahrungen im Weltkriege 1914-1918*, Bd. I (Chirurgie) (Leipzig: Verlag von Johann Ambrosius Barth, 1922), S. XXVII-XXX, hier bes. S. XXVIII.

(25) Wolfgang U. Eckart, „‘Der größte Versuch, den die Einbildungskraft ersinnen kann‘ - Der Krieg als hygienisch-bakteriologisches Laboratorium und Erfahrungsfeld“, In: ders. und Christoph Gradmann (Hg.), *Die Medizin und der Erste Weltkrieg* (Herbolzheim:Centaurus Verlag, 1996), S. 299-320, hier

bes. S. 309-10.

(26) Czerny, V., „Zur Therapie des Tetanus“, *Deutsche Medizinische Wochenschrift*, Jg. 40, Nr. 44 (1914), S. 1905-09, hier bes. S. 1905.

(27) Eckart, „‘Der größte Versuch’“, S. 310.

(28) Madelung, „Ueber Tetanus bei Kriegsverwundeten. Ergebnis einer Sammelforschung der kriegsärztlichen Vereinigung in Strassburg i/E“, *Feldärztliche Beilage*, Nr. 21 (*Münchner medizinischen Wochenschrift*, Bd. 61, Nr. 52, 1914), S. 2441-43.

(29) Eckart, „‘Der größte Versuch’“, S. 310.

(30) Emil von Behring, „Indikationen für die serumtherapeutische Tetanusbekämpfung“, *Deutsche Medizinische Wochenschrift*, Jg. 40, Nr. 40 (1914), S. 1833-35; ders., „Zur Anwednung des Tetanusserums“, *Deutsche Medizinische Wochenschrift*, Jg. 40, Nr. 46 (1914), S. 1956.

(31) Eckart, „‘Der größte Versuch’“, S. 311.

(32) Fritz Brüning, „Die Kampfmittel im Weltkriege und ihre Wirkung auf den Körper“, In: Otto von Schjerning (Hg.), *Handbuch der Ärztlichen Erfahrungen im Weltkriege 1914-1918*, Bd. I (Chirurgie) (Leipzig: Verlag von Johann Ambrosius Barth, 1922), S. 3-26; Georg Marwedel, „Ueber die Infektionen von Schußwunden nach Beobachtungen an Verwundeten des belgisch-französischen Kriegsschauplatzes 1914/17“, *Bruns‘ Beiträge zur klinischen Chirurgie*, Bd. 113 (1918), S. 433-668, hier bes. Teil A Primäre Infektionen.

(33) ダムダム弾は、十九世紀末にイギリスがインド統治のために使用した銃弾。装甲をしていない銃弾で、人体に着弾した時に、銃弾が変形して重傷を負わせ、かつ回復が難しい状態に陥らせることができた。一八九九年七月にハーグで開催された第一回万国平和会議での「ダムダム弾禁止宣言」によって、ダムダム弾は使用が禁止された〔Gerhard P. Gross, „Dumdumgeschosse“, In: Gerhard Hirschfeld, Gerd Krumeich und Irina Renz (Hg.), *Enzyklopädie Erster Weltkrieg, 2. Aufl* (Paderborn: Ferdinand Schöningh, 2014), S. 450〕。

(34) Vgl. „Ueber Dum-Dum-Geschosse“, *Deutsche Medizinische Wochenschrift*, Bd. 40, Nr. 38 (1914), S.1766-67; Walther Pöpplmann, „Bis zum 20. Oktober behandelte Dum-Dum-Verletzungen aus dem gegenwärtigen Kriege“, *Deutsche Medizinische Wochenschrift*, Bd. 40, Nr. 45 (1914), S.1935-36; M. Kirschner, „Bemerkungen über die Wirkung der regelrechten Infantriegeschosse und der Dumdumgeschosse auf den menschlichen Körper“, *Feldärztliche Beilage*, Nr. 21 (*Münchner medizinischen Wochenschrift*, Bd. 61, Nr. 52, 1914), S. 2445-48.

(35) Brüning, „Die Kampfmittel“, S. 13f.

(36) Gross, „Dumdumgeschosse“, S. 450.

(37) Marwedel, „Ueber die Infektionen“, S. 537-48 u. 563f.

(38) Ebd., S. 625.

(39) Ring, *Geschichte der Militärmedizin*, S. 222f.

(40) Erwin Franck, „Aerztlicher Feldbrief, Laon, in November 1914“, *Deutsche Medizinische Wochenschrift*, Bd. 40, Nr. 50 (1914), S. 2072-73.

(41) Leonhard Frank, Die Kriegskrüppel, ders., *Mensch ist gut* (Zürich: Max Rascher Verlag, 1918), S. 146-207, hier S. 146f.

(42) Wolfgang U. Eckart, *Die Wunden heilen sehr schön. Feldpost-*

karten aus dem Lazarett 1914-1918 (Stuttgart: Franz Steiner Verlag, 2013), S. 154-92.

(43) *Ebd.*, S. 208.

(44) Hans Haberer, „Technik der Amputationen, Exartiulationen und Resektionen", In: Otto von Schjerning (Hg.), *Handbuch der Ärztlichen Erfahrungen im Weltkriege 1914-1918*, Bd. II (Chirurgie) (Leipzig: Verlag von Johann Ambrosius Barth, 1922), S. 641-57, hier bes. S. 641; Marwedel, „Ueber die Infektionen", S. 625.

(45) 北村「社会の中の『戦争障害者』」一五〇―五二頁。

(46) Josef Nothaas, „Die deutsche Kriegsbeschädigten- und Kriegshinterbliebenenstaistik", *Allgemeines Statistisches Archiv*, 16 (1926), S. 634-45, hier bes. S. 639ff.

(47) Haberer, „Technik", S. 642f. 輸血については、ドイツでは大戦前に研究されていたが、平時には、死に至るような大量失血が稀だったこと、輸血が安易に使えない普通ではない手段であると考えられていたことから、実用化には至っていなかった。大戦で大量の負傷者が出ると同時に、大量の献血者としての兵士がいたこと、さらに戦時中という極限状況も手伝って、輸血の実験が行われた。大戦後、輸血の重要性は広く認められ、治療手段となった〔Wolfgang U. Eckart und Christoph Gradmann, „Medizin", Gerhard Hirschfeld, Gerd Krumeich und Irina Renz (Hg.), *Enzyklopädie Erster Weltkrieg*, 2. Aufl. (Paderborn: Ferdinand Schöningh, 2014), S. 210-19, hier bes. S. 211〕。

(48) Haberer, „Technik", S. 644.

(49) Ebd., S. 646ff. クルケンベルク形成術は、整形外科のヘルマン・クルケンベルク（Hermann Krukenberg）が考案した形成術及び義手。術後の外見が悪く、労働能力回復のために人工的な義手を装着することが難しかったため、この形成術は広がらなかった〔Martin Friedrich Karpa, *Die Geschichte der Armprothese unter besonderer Berücksichtigung der Leistung von Ferdinand Sauerbruch (1875-1951)*, Diss. (Essen, 2004), S. 150-69〕。

(50) *Ebd.*, S. 71ff.

(51) Max Böhm, „Schmuck- und Arbeitsarme", In: Otto von Schjerning (Hg.), *Handbuch der Ärztlichen Erfahrungen im Weltkriege 1914-1918*, Bd. II (Chirurgie) (Leipzig: Verlag von Johann Ambrosius Barth, 1922), S. 724-56; Karl Ludloff, Die Prothesen der unteren Extremitäten, In: Otto von Schjerning (Hg.), *Handbuch der Ärztlichen Erfahrungen im Weltkriege 1914-1918*, Bd. II (Chirurgie) (Leipzig: Verlag von Johann Ambrosius Barth, 1922), S. 756-91.

(52) Perry, *Recycling*. 北村「障害者の就労と『民族共同体』への道」二六五―六八頁。

(53) アショッフは、ベルリンの医師の息子として一八六六年に生まれ、ボン（Bonn）、シュトラスブールで医学を学び、病理学の研究で博士号をとった。さらにシュトラスブールでは、病理学者で当時ドイツの病理学、そして医学で最も影響力のあった医学者のルドルフ・ヴィルヒョウ（Rudolf Virchow）の弟子フリードリヒ＝ダニエル・レックリングハウゼン（Friedrich-Daniel Recklinghausen）と知り合い、ヴィルヒョウの当時最先端の病理学理論を学んだ。その後アショッフはゲッティンゲン（Göttongen）大学に移って教授資格を取得し、一九〇三年にマールブルク（Marburg）大学医学部の、その三年後にフライブルク大学医学部のそれぞれ病理解剖学教室の教授となった。彼は、ヴィルヒョウが確立した形態病理学を深めるとともに、体質（Konstitution）や遺伝の観点も取り入れて、新たな病理学を確立しようとした。第一次世界大戦後は、研究では体質論的・遺伝論的な病理学をさらに推し進めた。彼の体質論的・遺伝論的傾向は、ナチス期の医学で顕著になる遺伝論的医学へと彼の病理学を近づけることになった〔Cay-Rüdiger Prüll, „Die Sektion als letzter Dienst am Vaterland. Die deutsche „Kriegspathologie“ im Ersten Weltkrieg“, In: Wolfgang U. Eckart und Christoph Gradmann (Hg.), *Die Medizin und der Erste Weltkrieg*, 2. Aufl. (Herbolzheim: Centaurus Verlag, 2003), S. 155-82; ders., „Pathologie und Politik – Ludwig Aschoff (1866-1942) und Deutschlands Weg ins Dritten Reich“, *History and Philosophy for Life Science*, 19 (1997), pp. 331-68; ders., „Pathology at War 1914-1918. Germany and Britain in Comparison“, In: Roger Cooter, Mark Harrison und Steve Sturdy (ed.), *Medicine and Modern Warfare* (Amsterdam / Athlanta: Rodopi, 1999), pp. 131-62; Livia Prüll, Die Fortsetzung des Krieges nach dem Krieg oder: die Medizin im Ersten Welktrieg und ihre Folgen für die Zwischenkriegszeit in Deutschland 1918 bis 1939, In: dies. und Philipp Rauh (Hg.), *Krieg und medikale Kultur. Patientenschicksale und ärztliches Handeln in der Zeit der Weltkriege 1914-1945* (Göttingen: Wallstein Verlag, 2014), S. 126-52〕。

（54） Prüll, „Pathologie und Politik“, S. 335-38.

（55） Ludwig Aschoff, „Über die Aufgabe der Kriegspathologie“, *Kriegspathologische Tagung in Berlin am 26. und 27. April 1916 (Beiheft zu Band XXVII des Centralblattes für Allgemeine Pathologie und Pathologische Anatomie)*, S. 1-9

（56） Aschoff, „Aufgabe“, S. 2-3.

（57） Ebid., S. 3.

（58） Ebid., S. 4-5.

（59） Ludwig Aschoff, Vorwort und Otto von Schjerning (Hg.), *Handbuch der Ärztlichen Erfahrungen im Weltkriege 1914-1918*, Bd. VIII (Pathologische Anatomie) (Leipzig: Verlag von Johann Ambrosius Barth, 1921), S. V-VI.

（60） Sabine Kienitz, „Beschädigte Helden. Zur Politisierung des kriegsinvaliden Soldatenkörpers in der Weimarer Republik“, In: Jost Düffler und Gerd Krumeich (Hg.), *Der verlorenen Frieden. Politik und Kriegskultur nach 1918* (Essen: Klartext Verlag, 2002), S. 199-214.

（61） 北村「社会の中の『戦争障害者』」一六四—六九頁。

（62） Stephanie Neuner, *Politik und Psychiatrie. Die staatliche Versorgung psychisch Kriegsbeschädigter in Deutschland 1920-1939* (Göttingen: Vandenhoeck&Ruprecht, 2011). 北村「社会の中の『戦争障害者』」一六〇—六四頁。

（63） Sabine Kienitz, „»Als Helden gefeiert – als Krüppel vergessen«. Kriegsinvaliden im Ersten Weltkrieg und in der Weimarer Republik“, In: Dietrich Beyrau (Hg.), *Der Krieg in religiösen und nationalen Deutungen der Neuzeit* (Tübingen:edition diskord. 2001), S. 217-37.

（64） Erich Kuttner, „Vergessen! Die Kriegszermalmten in Berliner Lazaretten“, *Vorwärts*, Jg. 37, 9. September 1920; Kienitz,

„Politisierung", S. 211.

（65）エルンスト・フリードリヒ編『戦争に反対する戦争：写真集』坪井主税、ピン・バン・デン・ダンジェン共訳編（竜渓書舎　一九八八年）。

（66）Sabine Kienitz, *Beschädigte Helden. Kriegsinvalidität und Körperbilder 1914–1923* (Paderborn: Schoeningh Ferdinand, 2008), S. 212, hier bes. Fußnote 230.

（67）Anne Marno, *Otto Dix' Radierzyklus „Der Krieg" (1924). Authenzität als Konstrukt* (Petersberg: Imhof, 2015), S. 95-96; Gabriele Werner, „Otto Dix – Der Krieg", In: Jörg Duppler und Gerhard P. Groß (Hg.), *Kriegsende 1918. Ereignis, Wirkung, Nachwirkung* (München: Oldenbourg, 1999), S. 299-314, hier bes. S. 298.

（68）Kienitz, „Politisierung"; dies., *Beschädigte Helden*, S. 287-341.

（69）総力戦としての第一次世界大戦を藤原辰史は、ドイツ語の「überleben」（英語の survive）をキーワードにして理解を試みている。その際、藤原はこの言葉に「生き抜く」という訳語を当て、前線、銃後、戦後それぞれにおいて、兵士や人々がこの戦争を「生き抜こ」うとしたことの重要性を強調している。確かに、戦場もドイツ本国も過酷な状況にあり、彼らがその状況を「生き抜いた」ことを、筆者も完全には否定できない。しかし、本稿の兵士の傷病や体をめぐる素描からは、兵士が「生き抜く」という、「生きる意志」に突き動かされて戦場にいたわけではなかったことを示唆している。機関銃の一斉掃射、絶え間なく着弾する砲弾、塹壕での途切れることのない緊張と不衛生な生活の中で、ある兵士は「生き抜く」時間をほとんど与えられることなく死に、別の兵士は、どうにかこうにか「死な」ずに、「生き残り」「生きながらえ」、戦後の不安定な社会において「生き残る」ために「生き抜かざるを得なくなった」のではないだろうか。兵士が第一次世界大戦とその後の社会をどのように生きたのかを、「überleben / survive」という言葉で理解しようとする時、「生き抜く」という訳語で括ることは、兵士がこの大戦を「死ななかった」「生き残った」「生きながらえた」ということの意味を見づらくさせるのではないだろうか〔藤原辰史「戦争を生きる」（山室・岡田・小関・藤原編『現代の起点　第一次世界大戦　第2巻　総力戦』）三―三〇頁〕。

（慶應義塾大学非常勤講師）

ドイツにおける世界大戦と福祉

――盲導犬の発展の歴史――

北村陽子

はじめに

二〇一五年の夏にドレスデンにある連邦軍事史博物館を訪れた際、ある展示に目をひかれた。「動物と軍隊」と題されたその一角[1]は、古今東西の戦争中に軍隊に随行したあるいは利用された動物（の剝製）が集められていた。戦時期の動物といえば、ハンニバルの象、騎兵の馬、伝書鳩くらいしか思いつかなかったが、狼、猿、猪、犬などの姿もあった。

このときの訪問の記憶は、二つの世界大戦期の戦争障害者支援の調査を進めるなかで、本稿のテーマに結びついた。連邦文書館で史料調査をしていた際、第一次世界大戦中に戦場で怪我人を捜索する救護犬（Sanitätshund）が活動していたことを知り、さらにこの救護犬が盲導犬として再訓練を受けて戦争失明者（Kriegsblind）に提供されていたことが判明したのである。こうした問題関心から、本稿は第一次世界大戦下のドイツにおいて、新型兵器の投入によって増加した視覚障害を負った戦争障害者への支援の一環として導入された盲導犬の成立と、その発展過程を明らかにすることを課題とする。

盲導犬は、一九二〇年に制定された第一次世界大戦期の戦争障害者への国家援護法（Reichsversorgungsgesetz）において、義肢とともに「支援器具（Hilfsmittel）」に規定されて以降、一貫して無償貸与される戦争障害者のための生活必需品として扱われてきている。また現在のドイツでは、盲導犬の貸与には疾病保険が適用される[2]。「魂をもつ支援器具[3]」とも言われる盲導犬の第一号は、第一次世界大戦中の一六年に、戦争中に失明したパウル・フォイエン（Paul Feyen）に、救護犬を訓練し直して贈られた。それ以降、失明した戦争障害者への盲導犬提供が継続的に行なわれ、第一次世界大戦後には民間人にも提供されるようになっていく。[4] 本稿では、戦争障害者支援と関連づけて、盲導犬の発展史を分析することで、「戦争と医療」の関係の一端を明らかにしたい。

戦争障害者支援に関する研究は、第一次世界大戦期に関していえば、ガイヤー（Michael Geyer）によるイギリス・フランス・ドイツの公的支援制度を比較した論文（一九八三年）[5]をはじめとして、モノグラフだけでもいくつも著わされている。たとえば、ウォーレン（Robert W. Whalen）による戦没兵士遺族を含めた戦争犠牲者の社会的な位置づけや当事者の心情分析（一九八四年）[6]、コーエン（Dehorah Cohen）のイギリスとドイツの比較（二〇〇一年）[7]、精神障害を負った除隊者への支援に関する研究の遅れを指摘したレルナー（Paul Lerner）の研究（二〇〇三年）[8]、文学や図像の分析をもとにジェンダー間の役割モデルを実現できない戦争障害者の状況と当事者の葛藤を明らかにしたキーニッツ（Sabine Kienitz）の研究（二〇〇九年）[9]、精神障害を負った戦争障害者をめぐる医療従事者のせめぎあいに光を当てたノイナー（Stephanie Neuner）の研究（二〇一一年）[10]、そしてナチのイデオロギーとの関連まで射程に入れたレッフェルバイン（Nils Löffelbein）の研究（二〇一三年）[11]である。日本での研究状況はというと、兵士遺家族支援と合わせた戦争犠牲者への公的支援制度を詳述した加来の論文（二〇〇二、二〇〇三年）[12]および戦争障害者の社会的状況を当事者の意識を含めてとりまとめた筆者の論考（二〇〇八、二〇一一年）[13]がある。

第二次世界大戦期およびその後の時期については第一次世界大戦期ほどの研究蓄積はない。フランス占領地区の戦争犠牲者支援の変遷とその後の西ドイツ成立後の発展を俯瞰したフーデマン（Rainer Hudemann）の研究（一九八八年）[14]と、戦後西ドイツの戦争犠牲者組織の発展史を叙述したディール（James M. Diehl）の研究（一九九三年）[15]が戦時中の状況を簡単に振り返っているほか、ノイマン（Vera Neumann）の当事者へのインタビュー（一九九九年）[16]、クルコヴスカ（Uta Krukowska）によるハンブルクの事例研究（二〇〇六年）[17]がある。戦争障害者の就労を中心に分析した筆者の論考（二〇一六年）[18]を含めて、いずれの研究においても、視覚障害を負った除隊者についての言及はあるものの、彼らの生活を補助する必要不可欠な「支援器具」としての盲導犬については、それが貸与されたという以上の詳しい記述は見られない。

他方で盲導犬の誕生に関しては、リーデル（Georg Riederle）による研究（一九九一年）[19]と、カラブロ（Silvana Calabro）による研究（二〇〇二年）[20]で、ドイツ国内外の発展史および現在までの法制度の概要が提示されているが、歴史的な変遷はごく簡単な記述にとどまっている。また救護犬の育成に関しては、中核となったオルデンブルクの「ドイツ救護犬協会（Deutscher Verein für Sanitätshunde）」の歴史分析をしたクラン（Julia F. Klan）の学位論文（二〇〇九年）[21]で明らかにされている。

　史料としては、一九四五年まではベルリンの連邦文書館に所蔵されているオルデンブルクの「ドイツ救護犬協会」の関係文書および盲導犬関連の文書、戦後はコブレンツの連邦文書館所蔵のイギリス占領地区の文書およびハンブルクの盲導犬関連文書[22]がある。このほか、戦争失明者たちの組織「戦争失明者連合（Bund erblindeter Krieger）」（一九一六年設立）の機関誌『戦争失明者（*Der Kriegsblinde*）』（一九一七～四四年発行）、「ドイツ救護犬協会」の年報（*Jahres-Bericht vom Deutschen Verein für Sanitätshunde*, 一八九四～一九一九／二〇年発行）を適宜利用する。

　なお盲導犬の呼称は、一九一六年に救護犬を再訓練した盲導犬がお目見えして以降、しばらくは「視覚障害者を導く犬（Blindenführerhund）」「視覚障害者の犬（Blindenhund）」「導く犬（Führerhund / Führhund）」など一定していなかった。史料や同時代雑誌あるいは文献などを確認すると、呼称は一九二〇年代を通じて徐々に「視覚障害者を導く犬（Blindenführhund）」に落ち着いていく。本稿では上記さまざまな呼称を訳し分けることをせず、一括して「盲導犬」と表記することとする。

一　戦時下の救護犬

　ここではまず救護犬の概要を、クランの学位論文をもとに見ておきたい。

　救護犬は普仏戦争で戦場に同伴する戦場犬（Kriegshund）として登場するが、それに適する犬種に挙げられたのは、ジャーマン・シェパード、スコッチ・コリー、また警察犬としても使役されるエアデール・テリア、ドーベルマン、ロットヴァイラーである。逆に適していないとされたのが、グレイハウンド、ブルドッグ、ブルテリア、ダックスフント、フォックステリアである。重量級のニューファンドランド、ベルンハルディ、マスティフなどは疲れやすいために、また本能から狩りに走る猟犬も不適合だという[23]。

　戦場犬はそれを使役するハンドラー（操作者）とともに普仏戦争にも随伴したが、さしたる成果は挙げず、軍内部では不要論が強かったため、戦後は軍から姿を消した。しかし警察犬の育成方法を応用して戦場パトロールおよび伝令として育成された戦場犬が、一八八五年十月二十七日に狙撃兵大隊に随伴して以降、徐々に陸軍内に浸透していった。当時怪我人捜索のための訓練方法もあったが、それはパトロールおよび伝令とは逆の方法であったため、育成は困難を極めたという。その困難な育成方法を確立したのが犬の専門家ジャン・ブンガルト（Jean Bungartz）であり、プロイセン陸軍省は九二年二月二日付で彼を救護犬育成に成功した人物であると認定した。

赤十字と協力し、普仏戦争時の失敗を教訓に育成方法を確立したブンガルトは、軍から認定されたことを受けて、救護犬をより難易度の高い業務に耐えられるように訓練する目的で、一八九三年に「ドイツ救護犬協会」（本部レッヒェニヒ。のち一九一四年初頭にオルデンブルクに移転）を設立する。設立後一年で貴族を含めた一〇〇人の会員を擁するようになった協会は、まずは一九〇四年にドイツ領南西アフリカ植民地で一八八四年以降続いていたヘレロとの戦争に救護犬を派遣した。しかし初めは犬が逃げたり、ハンドラーの命令を聞かないなど成果が挙がらず、翌〇五年には派遣が停止されている。(24)

また犬の育成に時間がかかることと、救護犬として使役できる年数があまり長くないためにコストと成果が見合わないと判断されたことから、一九一一年二月八日付の陸軍省令をもって、犬たちの軍所属という肩書は取り消された。(25)代わりに赤十字と協働して軍付救護班の一員として活動することが推奨された。この提案は、「ドイツ救護犬協会」にとっては赤十字の下に位置づけられるように見えるため不本意なものであったが、軍の演習に継続的に参加することで、一四年七月八日には軍上層部に救護犬の有用性が認められたという。同月三十一日、第一次世界大戦の開戦を目前にして「ドイツ救護犬協会」は、陸軍省に協会の費用負担で救護犬を提供する準備があることを申し出ている。これに対する八月三日付の返信で、陸軍大臣ファルケンハイン（Erich von Falkenhayn）は八頭の救護犬を試用したい旨を伝えた。(26)

「ドイツ救護犬協会」以外にも、「剛毛種協会」や「ジャーマン・シェパード協会」など犬種ごとの団体も開戦直後から育成した犬を軍に提供したい旨の申し出をしていった。一九一五年四月には、「ドイツ救護犬協会」から計一、六九八頭の救護犬が提供されており、同年末にはその数は約二、五〇〇頭に増え、およそ八、〇〇〇人の怪我人救護に貢献した。(27)救護犬のほかに、以前から有用性が確認されていたパトロール犬、情報を持ち運ぶ伝令犬としても使役された。終戦時にはこれら三種の活動をする戦場犬は、およそ三万頭に上った(28)（図1）。

二　第一次世界大戦下の戦争障害者支援

第一次世界大戦は、戦車、毒ガス、爆撃機などあらたな兵器が開発され、使用された戦争であった。また従来からある自動小銃、大砲などの兵器の殺傷力も上がり、したがって一九世紀までの戦争以上に前線で傷病を負うものが増え、その度合いが重篤化していった戦争でもあった。彼ら傷病を負って除隊する兵士も類を見ないほど多く、彼らの生活再建は戦時期の重大な社会問題の一つとなった。なかでもドイツ軍が一九一四年十一月のイープルの戦いで、はじめて毒ガスを兵器として使用したとき、まったく対処できていなかったイギリス・フランス軍側は多大な失明者を出した。しかしすぐにも協商国側でも類似の毒ガスが開発されて使用されたため、防毒対策が不十分だったドイツ軍側でも多数の兵士が失明することとなった。

図 1　救護犬の行軍練習風景（1918 年）
出所　Kurzamann Rupert, *Der Hund im Kriegsdienst* (Bielefeld: Hundesport und Jagd 1918), S. 48.

国による公的支援の方針は、「ドイツ身体障害者連合（Deutsche Vereinigung für Krüppelfürsorge）」の理事ビエザルスキ（Konrad Biesalski）が国内各地で講演してまわった方針、「戦争障害者は、再就職することで社会生活に復帰すべきである」という、いわば「労働による自立」の方針を受けて形成されていった[29]。国家による戦争障害者への公的支援は、はじめは陸軍省管轄の年金支給、軍病院および国内の民間病院でのリハビリを含めた医療支援が中心であったが、一九一五年に「帝国戦争障害者および兵士遺族支援委員会（Reichsausschuß für Kriegsbeschädigte und Kriegshinterbliebene. 以下、帝国支援委員会）」が設置されて以降、徐々にラント（邦）や自治体ごとに行なわれていた再就労のための職業教育や就労斡旋といった生活支援、また民間団体による農村部への内地植民斡旋の情報が統括されるようになった。これら主として五部門からなる戦争障害者支援のうちもっとも力点が置かれたのは、ビエザルスキの方針にしたがって、再就労のための職業教育と就労斡旋であるが、その前提として日常生活を送れるようにすることだった。たとえば四肢欠損で除隊したものには、第一次世界大戦期に発展した外科技術、整形医学および形成医学の成果と、義肢製作の技術の発展から、よりスムーズに装着し動かせる義肢を受けとり、それを器用に動かせるようにリハビリを受ける医療支援の提供が、戦争障害者支援の標準とされるようになった。この場合の義肢は、単に日常生活を送る上での最低限の機能を備えたものにとどまらず、再就労をめざす戦争障害者たちにとって必要となる作業機能を兼ね備えたものまで開発・製作することがめざされて、ある程度実現している。[30]彼らにはリハビリや転地療養も含めた医療支援によって、日常生活さらには就労生活への復帰がのぞまれた。

最重視された職業教育は、開戦当初は陸軍省と帝国労働省が、のち「帝国支援委員会」が管轄したが、具体的な施策は各ラントが調整することとされた。職業教育は各人の残された身体能力や前職をかんがみて、先述の軍病院での治療およびリハビリと並行して受けられるように併設されたコース、自治体の職業訓練学校に設置された戦争障害者用のコース、民間団体である「身体障害者連合」に設置された戦争障害者用のコースなどがあった。具体的な習得コースは、さらに自治体ごとに任されており、たとえば工芸学校での旋盤、指物師、機械工、仕立屋、あるいは商業学校での簿記など、多様な選択肢が準備されていた。[31]

他方で失明した戦争障害者たちへの支援においても、同様に職業教育と就労斡旋が重視された。[32]およそ一万五〇〇〇人に上るこれら戦争失明者に対しては、あらたな就労先をめざしてかご編みや旋盤操作、製本、製靴、園芸、かごつくり、ネット修繕などの手作業の習得が推奨された。[33]あるいは民間の収容型施設で居住しながら手作業を習得する場合もあった。ベルリンの眼科医パウル・ジレックス(Paul Silex)がすでに一九一四年十月にベルリンに開設していた失明者用ホームなどはその一例である。[34]

除隊後に日常生活にも困難を覚える戦争失明者たち二、七〇〇人ほどが、視覚障害による生活上・就労上の不利益を是正するよう求めて、一九一六年三月五日にベルリンで「戦争失明者連合」を設立した。[35]介助者の必要性を訴えた彼らに対して、「ドイツ救護犬協会」は一六年七月、おとなしい性質で命令をきくようにしつけられている救護犬を、戦争失明者が利用できるよう育成し直す方針を決定し、同年十月、第一号の犬を盲導犬(Blindenführerhund)としてパウル・フォイエンに貸与することとなった。[36]

「ドイツ救護犬協会」は一九一七年十一月に発行したパンフレットにおいて、訓練された盲導犬は介助者と同様

図２　盲導犬（1918年）
出所　*Jahres-Bericht für 1917 / 18 des Deutschen Vereins für Sanitätshunde*, S. 57.

の働きをする存在[37]だと主張して、救護犬育成と同じくらい盲導犬育成を重要な活動の柱と見なした。終戦直後の一八年十月二十二日付で、「帝国支援委員会」の後継官庁である「ライヒ戦争障害者および兵士遺族支援委員会（Reichsausschuß für Kriegsbeschädigte und Kriegshinterbliebene）」に、盲導犬育成に力を入れる旨申し出ている[38]。戦争失明者たちも「ドイツ救護犬協会」に宛てて個別に盲導犬を融通してほしいという要望を書き送っている。協会はこれに応えて、一九年末までにおよそ六〇〇頭を盲導犬として訓練し直し、戦争失明者に提供してきた[39]（図２）。

三　国家援護法の制定（一九二〇年）

第一次世界大戦に敗北したドイツには、一九一九年六月二十八日にヴェルサイユ講和条約で軍の大幅削減が課せられた。その内容は、陸軍を一〇万人に（第一六〇条）、海軍を将校合わせて一万五〇〇〇人に（第一八三条）、そして空軍の保持禁止（第一九八条）である[40]。第一次世界大戦中には最大三〇〇万人を超えた陸軍人員の大幅な削減により、救護隊に編成されていた救護犬も「除隊」することとなった。協会は「除隊」して戻ってきた救護犬を盲導犬に再訓練して、戦争失明者に提供することを戦後の活動の中心に据えた[41]。

一九一九年八月十一日に制定され同月十四日に公布・施行されたヴァイマル共和国憲法は、その第一五一条で、「人間に値する生存を保障する」こと、すなわち生存権の保障をうたっている[42]。戦争失明者にとって、日常生活そして社会的・経済的な生活への復帰あるいは再建を補助する盲導犬は、「人間に値する生存」の実現に不可欠のものであった。この点は、戦争犠牲者への公的支援を定めた国家援護法（一九二〇年五月十二日公布・施行）でも考慮されている。まず第五条では、「戦争障害者は、治療・リハビリを受けることができる……戦争障害者は義肢を得ることができる……**戦争失明者は、盲導犬を得ることができる**〔強調は筆者。以下、同様〕」と規定されていた。

また第七条では、「戦争障害者は、義肢やそのほか必要な支援器具を必要な数だけ承認される。それらは個々の要望や就労上の必要性に合わせて調整されなければならない……**盲導犬の食費**として、A地域は年額三〇〇マルク、B・C地域は二四〇マルク、D・E地域は一八〇マルクの手当が支払われる」とあるように、盲導犬は義肢と同じ支援器具であり、戦争障害者にとって不可欠の道具の一種だと認定された。個別の調整を重視する支援器具と同等に扱われる盲導犬は、その維持費用である食費あるいは食費に代わり、えさ用の穀物フレークやクッキーなどの現物で給付される場合でも公的に負担された[43]。さらに続く第八条では、「**義肢やそのほかの必要な支援器具、および盲導犬は国によって貸与される**」とある。貸与・食費にかかる諸費用はすべてライヒの財源から充当されたのである。また支援器具である盲導犬は、全国援護法施行令により、自治体ごとに取り決めのある犬税（Hundesteuer）の対象からは外された[44]。盲導犬は日常生活に不可欠な支援器具であり、一九二二年出版の『戦争失明者支援』のなかで強調されているように、戦争失明者を介助する人間の代替ともなる存在[45]であった。

一九二〇年十二月一日にライヒ議会の社会問題委員会が議会で行なった報告によれば、視覚障害をもつ工業労働者の団体が、一般市民の視覚障害者にも、戦争失明者と同等の支援、すなわち就労ポストの配慮や人道的な公的支援の給付を要望する請願を出したという。この請願については、二二年までライヒ議会で継続審議されて、一般市民の視覚障害者への公的支援については、ライヒではなく各自治体が配慮することとされた[46]。このように一般市民の視覚障害者に支援を拡張する方針がライヒ議会で決定されたことは、盲導犬を提供する「ドイツ救護犬協会」でも重視され、二二年以降、五万人に上る一般市民の視覚障害者にも、当事者の費用負担で少しずつ提供されるようになった。また同年にはあらたにポツダムにも盲導犬の育成学校が設立されて、一般市民への提供を支えることになった[47]。

ところで「ドイツ救護犬協会」の試算によれば、盲導犬を一頭育成するのにおよそ三、四〇〇マルクかかる。この費用は、協会の趣旨に賛同する会員の会費および企業からの寄付金でまかなわれていた。たとえば一九二〇年に協会に寄せられた寄付金は、ドイツ銀行やドレスデン銀行、それにフランクフルト・アム・マインの金属加工会社などから二九万一〇〇〇マルク、およそ八七頭分の訓練費用に相当する額であった[48]。

一九二二年ころから加速したインフレは、二三年にいっそう急激にすすみ、一月には盲導犬の育成費用も一頭当たり一〇〇万マルクを超えた上に、企業からの寄付も見込めなくなったため、育成活動は停止せざるを得ず、各組織の業務は縮小されていった。また戦争失明者たちからは「ドイツ救護犬協会」に宛てて、国家援護法の規定の食費ではとても足りないこと、犬用クッキーを提供する企業もハイパーインフレーションのあおりで倒産したために、えさそのものが手に入りにくいことから協会が希望者にえさを配布できるようにして欲しいこと、といった要望が多数寄せられた(49)。

一九二三年十一月には通貨切り下げによって経済的な混乱がある程度落ち着いたとはいえ、二四年四月一日から二五年三月三十一日の一年間で協会が育成できた盲導犬は、一四六頭にとどまった。一般市民からの要望も増えているなかで、より多くの質のよい盲導犬を育成するために、二四年以降、ポツダムの盲導犬育成学校を手本としてミュンスター、ブレスラウ、ハンブルク、ケーニヒスベルク、ベルリン、フランクフルトにも学校が設立されていった(50)。二五年には、「全ドイツ視覚障害者連合(Reichsdeutschen Blindenverband)(51)」と民間の慈善団体が協力して「ドイツ盲導犬育成同盟(Deutsche Arbeitsgemeinschaft zur Beschaffung von Führhund für Blinden)」が立ち上げられ、インフレの余波で盲導犬育成が思うようにすすまないオルデンブルクの「ドイツ救護犬協会」に代わって、育成事業を主導するようになった。ただし一般市民については、食費などの維持費用を全額負担できる場合にのみ、「ドイツ盲導犬育成同盟」への申請が認められたため(52)、盲導犬貸与の恩恵を受けられたのは、ごく少数の富裕層に限られた。

四　盲導犬に対する社会からのまなざし

戦争失明者だけでなく、一般市民の視覚障害者にも必要だとして資金難の状況下でも育成がすすめられた盲導犬であるが、この盲導犬を連れた視覚障害者に対する社会のまなざしは、見慣れないという事情があったにせよ、良好なものとは言えなかった。この点、ある戦争失明者が一九二七年に戦争失明者連合の機関誌『戦争失明者』に投稿した体験談から確認しておきたい。

ベルリンの街を盲導犬とともに歩いていたこの戦争失明者は、聞こえる音から車通りの多いフリードリヒ通りにさしかかったことが分かった。犬は左右を見て慎重に向こう側に歩き出した。道路のなかほどで、通行人がすぐ近くで「車ですよ、止まりなさい！」と叫び、腕を引いてきた。そうする間にも車がすぐ近くまでやってきていた。その後はまたゆっくりと目的の方向に歩いて行ったが、大学〔筆者註：ベルリン大学、現在のフンボルト大学〕の近くで急に誰かに突き飛ばされた。突き飛ばした人物は声からして女性であったが、「目がついていないのですか?」と呼びかけてきた。「わたしは目が見えないんですよ!」と答えると、この女性は「失明しているのですか? では何のために犬がいるのでしょう?」と大声で話をされた。

何度か同じように声をかけて止められることを繰り返して歩き続けたところ、お城近くの橋にさしかかったあたりで、「止まりなさい、階段があります!」という叫び声があがった。戦争失明者は犬をとどめて叱りつけ、足をそろそろと伸ばして階段に触れた。階段までおよそ六歩とやや離れていたため、これほど距離があるとは思わなかった戦争失明者は内心、声をかけられなかったほうが犬に階段近くまで連れてきてもらえて、足を上げるだけで済んだのではないかと考えた。また犬を叱ったために、犬からの信頼も失ってしまったと感じたという。戦争失明者は、これらの体験から、視覚障害者と盲導犬がどのような障壁と闘わなくてはなくてはならないかと嘆いている。この短い散歩の間でさえ九二回も人にぶつかられた上に、ぶつかった一二人の男性のうち九人は謝罪したのに対して、八〇人のぶつかった女性たちのうち謝罪したのはたった一人だけ、しかも外国人の女性だけだった状況を嘆いた。投稿の最後には、困難にぶつかった同胞に対して、ベルリン市民はもっと心を砕いて欲しいという要望を付言している(53)。

図3 盲導犬(1927年)
出所 *Der Kriegsblinde,* Jg. 11(1927), S. 184.

以上の投稿記事からは、盲導犬が視覚障害者の日常生活に必要だと認識されてはいても、実際にどのように盲導犬とそれを連れた視覚障害者に対応してよいのか、人びとが困惑していたことが分かる。図3のように盲導犬はそれと分かるよう特殊な器具を装着していたが、それが何を意味するのかは、なおまだこの時点で人口に膾炙していたわけではなかった。当事者である視覚障害者たちが日常生活を送ることは、確かに盲導犬によってある程度可能となったが、盲導犬と連れだって歩く意味が社会で正しく認知されない限り、彼ら視覚障害者が安心して日常生活を送ること、さらには就労することは困難であっただろう。

盲導犬を一般市民の視覚障害者に提供する機会は、一九二八年十一月十四日付で労災保険の規定が変更されたことにより、労災認定された失明者にも拡大された[54]。その第八条によれば、これら労災失明者への盲導犬の貸与は保険で充当されることとなった。また食費やその他の維持費についても、全国援護法第七条の金額を基準として原則保険で充当された[55]。食費は充当しきれない場合も多々あったが、このように戦争失明者以外にも盲導犬の無償貸与が拡充されたことで、盲導犬の利用がよりすすんだと言える。実際、三〇年までの間に、およそ一、五〇〇人の戦争失明者と一、二〇〇人の一般市民の視覚障害者に盲導犬が提供されている。彼ら視覚障害者にとって、盲導犬は友人であり介助者でもあるかけがえのない存在であった。しかし世界恐慌の余波で、民間の扶助団体は盲導犬の維持費支出が困難となった。そのため、「全ドイツ視覚障害者連合」は労働省に宛てて三〇年一月八日、経済的に危機にある今の時期にこそ、盲導犬をもっと多くの視覚障害者の利用に供することを公的な視覚障害者支援の中核に据えるべきだという要望書を提出した[56]。

この要望書で求められた国家補助はすぐには認可されず、盲導犬育成の中心となっていた「ドイツ盲導犬育成同盟」は世界恐慌の余波で資金繰りが悪化したため、一九三〇年六月末にはその活動に幕を下ろすところまで追い込まれた。「これまで四、〇〇〇頭に上る盲導犬を育成し、視覚障害者に提供」してきた「ドイツ救護犬協会」も、三一年一月の年次総会で、同年七月一日をもって盲導犬育成の活動停止を宣言せざるを得なくなった[57]。

主たる盲導犬育成組織が活動停止あるいは縮小を余儀なくされた状況のなかで、「全ドイツ視覚障害者連合」は一九三二年、「ドイツ盲導犬育成同盟」の後継組織として、あらたに盲導犬を視覚障害者に提供するための財団設立を考案した。協会や盲導犬育成学校、それに民間の慈善団体との議論を通して、「視覚障害者支援のためのドイツ財団（Deutsche Stiftung für Blindenhilfe. ハインリヒ・シュターリング財団）」、通称「盲導犬財団（Blindenhund-Stiftung）」が三三年七月に設立された。規約によれば、この財団はオルデンブルクの「ドイツ救護犬協会」のノウハウを利用して盲導犬を育成する組織として設立された（第一条）が、その中心となる目的は、窮乏するドイツの一般市民の視覚障害者に盲導犬を提供できるようにすること（第二条）にあった[58]。

盲導犬育成の新組織立ち上げは、ナチ党が独裁体制を構築していく過程とほぼ同時に進行した。すでに一九三二年七月の選挙で第一党となっていたナチ党は、翌三三年一月三十日に政権を奪取し、同年三月二十四日の授権法（Ermächtigungsgesetz）により、政府（行政）のみで法律を制定できることと、その法律が憲法に違反するとしても可能と定めることで、独裁への道すじを固めていった[59]。同じ三三年三月には、「戦争失明者連合」（一六年設立）がナチ党下部組織の戦争障害者組織に「強制同質化（Gleichschaltung）」されて[60]、戦争失明者の発信機会が党内部にとどめられることとなった。

「盲導犬財団」が設立されたのとほぼ同じ一九三三年七月十四日には遺伝病子孫予防法が公布されたが、この法律は人種主義を重視するナチの特質をよく示すものであった。その第一条で定められたのは、「遺伝性疾患者たる遺伝性精神薄弱者、精神分裂病者、周期的精神病者、遺伝性舞踏病、遺伝性てんかん、遺伝性盲・聾唖、遺伝性強度肢体欠損および強度のアルコール中毒者は、外科手術によって断種され得る〔筆者註：疾病の表記は当時のもの〕[61]」ことであった。この法律は、一般市民の視覚障害者を支援する目的の「盲導犬財団」にとって、支援すべき対象者のなかで生得の視覚障害者をないがしろにする法律であり、財団の存在意義をほぼ否定するものであった。

他方で、生得以外の一般市民の視覚障害者（たとえば労災失明者）に対しては、ナチ党の下部組織である「ナチ福祉団（NS-Volkswohlfahrt）」が財団と協働して支援を進めることが、三四年二月に両者の間で決められている[62]。この間、ナチ党による強制性をともなう人種主義的な政策に対して、活動の継続を優先した「盲導犬財団」も「全ドイツ視覚障害者連合」も、表立って異を唱えた様子は見られなかった。この強制断種の次に来るのは、「灰色のバス」による安楽死であり[63]、生得の視覚障害者もその対象となっていった。

五　国防軍援護法の制定（一九三八年）

一九三五年三月十六日、徴兵制の再導入が立法化された[64]。最大五〇万人を増員することになる国防軍の拡張は、一九年のヴェルサイユ条約に明白に違反する決定である。国外から批判を受けつつも再軍備はすすめられ、三六年十月十九日付で、戦場犬（パトロール犬、伝令犬、救護犬など）を大量に徴発することを定めた陸軍省令が公布された。戦争の準備とも取れるこの陸軍省の姿勢は、三七年以降にこれら戦場犬を訓練する際に、軍用地を無償で利用できるよう便宜を図るところにまで及んだ。

再軍備開始から三年後、最初の除隊者を対象とした国家援護制度として、国防軍扶助・援護法（Wehrmachtsfürsorge- und versorgungsgesetz）が一九三八年八月二十六日に制定された。その第七七条では、「戦争障害者は、治療・リハビリを受けることができる……戦争障害者は義肢その他の支援器具を得ることができる……**戦争失明者は、盲導犬を得**

ることができる。盲導犬の食費として、S地域は月額二〇ライヒスマルク、A地域は一八ライヒスマルク、BおよびC地域は一六・五〇ライヒスマルク、D地域および国外は一五ライヒスマルクの手当が支給される」と定められていた。二〇年の国家援護法と同様に、視覚障害となった除隊者は、第一次世界大戦期の戦争失明者と同様に、盲導犬を公的補助のもとで貸与されることとなったのである[65]。

救護犬の育成に関して言えば、当時まだ存続していたオルデンブルクの「ドイツ救護犬協会」が関わることはなく、代わりに陸軍の付属施設で育成されることになった。ところで救護犬は本来、攻撃休止中に怪我人を捜索するよう訓練を受けるが、第二次世界大戦中は攻撃を受けているなかで怪我人を収容することが必要となったため、怪我人とそうでない兵士を見分けることができなかった救護犬は利用価値がないと見なされ、一九四四年には戦場から姿を消した。盲導犬については、「盲導犬財団」や盲導犬育成学校での育成は続けられたが、人間の食料にも事欠くこの時期はえさの入手が困難だったために、戦争失明者や一般市民の視覚障害者のなかには盲導犬を維持できなくなって返還するケースも少なくなかった[66]。

六　戦後の再建——連邦援護法の制定（一九五〇年）——

第二次世界大戦後のドイツは、戦勝国に分割支配された。四国の代表からなる連合軍総司令部は、戦争障害者および戦没兵士遺族をナチ体制への協力者と断じ、彼らへの公的支援を停止した。そのため彼ら戦争犠牲者への支援は、自治体が独自に実施する扶助か、民間慈善団体による援助のいずれかによるものであった。

とはいえ、すべての公的支援を完全になくすことはできず、フランス占領地区（ドイツ南西部）の一カ所で一九二〇年制定の国家援護法の適用が継続された以外は、フランス占領地区の残りでも、アメリカ占領地区・イギリス占領地区・ソ連占領地区、いずれにおいても戦争障害者に関しては労災保険と同列基準で年金が支給されることとなった[67]。

資金難で休止したままだった「ドイツ救護犬協会」は一九四六年にその活動を終え、わずかに残った資産はすべて赤十字に移譲されて戦争失明者のための使用に供された[68]上に、「盲導犬財団」は資金難で活動を縮小せざるを得なかったため、戦後の盲導犬育成には、自主的に再建された犬種ごとの組織が加わった。史料状況のよいイギリス占領地区を例に見てみると、四六年時点で州長官の名前で盲導犬育成のためにジャーマン・シェパードやエアデール・テリアなど適合する犬種を盲導犬育成学校に提供する義務を課すことが告示されたが、四六年に再建されたテリア犬クラブのハンブルク支部はこうした強制を批判して、この告示の取消しを州長官とイギリス軍の占領政府に要求した[69]。ハンブルクではこのテリア犬クラブやジャーマン・シェパード協会、そして一六年設立の「戦争失明者連合」ハンブルク支部の中心人物だったハンス・フォイクト（Hans F.W. Voigt）が再建した戦争失明者組織である「聖ゲオルク会」[70]が協力して、「犬種合同中央組織（Zentralverband Hundewesen）」を四七年四月に設立した。

この組織の活動の柱の一つは、盲導犬の育成と戦争失明者への盲導犬提供であった。一九四七年三月の時点で、イギリス占領地区にいた戦争失明者は四、一一六人を数えたが、他方で二月の時点では六五七頭の盲導犬が確認できたに過ぎず、盲導犬の育成と戦争失明者への提供は喫緊の課題と見なされた。ただし戦時中からの食料不足が継続する状況で、自治体によっては戦後も五〇年ころまで配給制度が存続していたこの時期に、犬用のえさを確保するのは困難をきわめた。戦時中の国防軍の規定では一月当たり三〇キログラムの肉と一五キログラムの穀物フレーク、五リットルの脱脂乳が支給されていたのに対して、四七年のハンブルクでは育成中の盲導犬およそ八〇〇頭に、三キログラムの肉、八キログラムの穀物フレーク、一リットルの脱脂乳が支給できたにすぎなかった。物資不足の折、えさは詐取を防ぐために「聖ゲオルク会」が盲導犬所持者に対してチケットを発行して支給する形をとった。えさの確保のため、「聖ゲオルク会」は占領軍政府および州の食料局と議論を重ねたが、「聖ゲオルク会」側が要望した月一〇キログラムの肉類供給は、占領期間中に実現されることはなかった[71]。

以上のようなイギリス占領地区での状況は、アメリカ占領地区やフランス占領地区の状況とそれほど大きな違いがあったわけではない。喫緊の課題とされながらも、主としてえさの確保の難しさから、盲導犬の育成はすぐには拡充されなかった。国外で抑留されていた国防軍所属の軍人・軍属は、一九四八年ころまでに帰還した。彼らのうち戦争障害者と認定された者は、五〇年九月時点で一五〇万人を超え、戦争失明者の数は全体としておよそ二万七〇〇〇人であった[72]。彼らを含めた戦争障害者の生活再建は、第一次世界大戦後と同様に戦後西ドイツの重要な社会政策であった。彼ら戦争障害者への公的支援は、五〇年十二月二十日制定の連邦援護法（Bundesversorgungsgesetz）で保障されたが、それは二〇年の国家援護法に範を取ったものであり、支援対象となったのは軍人・軍属だった除隊者だけではなく、一般市民であっても「ドイツ軍あるいは敵軍の軍事的・準軍事的行為によって心身に障害を負った」（第一条）ことが証明されれば、戦争障害者と認定されて援護法が適用された。日本とは異なり、西ドイツでは空襲被災者も戦争障害者と認定され得たのである。

援護法適用の対象者に一般市民を含めて、戦争障害者への社会的支援は第一一条で次のように規定された。「戦争障害者は、治療・リハビリを受けることができる……戦争障害者は義肢を得ることができる……**戦争失明者は、盲導犬を得ることができる**」。また第一三条によれば、盲導犬の食費として月額二五マルクが一様に支給される[73]。一九二八年の労災失明者への盲導犬貸与を保険で充当する法律も、再度適用されることとなった。

なお、ソ連占領地区だったところに一九四九年十月に成立した東ドイツでは、占領期と同様に戦争障害者は特別扱いされず、労災適用者と同等の扱いであった。彼らに対しては、五二年に開設されたベルリン・カールスホルスト地区の盲導犬育成学校とエアフルトの学校から盲導犬が適宜利用に供されている[74]。

おわりに

以上、盲導犬が救護犬から育成し直されたものであり、「支援器具」として日常生活に必要だと認定され、公的支援の対象として国家援護法以降の戦争失明者支援の中核をなした過程を明らかにした。当事者団体の盲導犬育成要求は、独裁体制や世界大戦下といった極端な時代にも継続して主張されており、また可能な限り盲導犬を育成し必要とする視覚障害者に提供できるように努力した形跡が見られたが、提供できた頭数は需要を満たすにはいたらなかった。労災失明者ではない一般市民に関しては、ドイツ再統一後の一九九三年六月二十九日付で公布された連邦通達(Bundesanzeiger)で、盲導犬と介助犬が支援器具と認定されたため、社会立法第五巻の疾病保険法第三三条の適用（貸与にかかる費用を保険で充当する）を受けられることになった[75]。

最後に、盲導犬に対する社会からのまなざしについて考えてみたい。実際に盲導犬を見た社会の人びとの意識は、一九二七年のある戦争失明者の投書で描写された状況から、時代とともに変化したであろうか。わたしたちは、なおまだ盲導犬を見慣れておらず、九〇年前の投書と同じように、腫れ物に触るように応対してはいないだろうか。戦争を契機に始まった福祉の一制度である盲導犬が、戦争失明者だけではなく一般市民の視覚障害者にも提供されてからおよそ一〇〇年が経過している。この制度をもっと社会のなかで当然の制度として、心のバリアを取り除いて受け入れられるよう努力することが、今わたしたちがやらなくてはならないことであろう。

註

（1）ドイツ連邦軍博物館の公式ホームページより〈https://mhmbw.de/dauerausstellung/themenparcours/tierundmilitaer〉（最終確認日、二〇一七年十二月二十四日）。

（2）*Sozialgesetzbuch* V, §33.

（3）Georg Riederle, *Der Blindenführhund-Hilfsmittel mit Seele* (Bonn: Reha-Verlag 1991).

（4）*Ebd.*, S. 119-20; また「ドイツ視覚障害者連合（Deutscher Blinden- und Sehbehindertenverband e.V.)」のホームページでは、フォイエンについて紹介されている〈https://www.dbsv.org/ausstellungstafel-2.html〉（最終確認日、二〇一七年十二月二十四日）。

（5）Michael Geyer, Ein Vorbote des Wohlfahrtsstaates. Die Kriegsopferversorgung in Frankreich, Deutschland und Großbritannien nach dem Ersten Weltkrieg, in *Geschichte und Gesellschaft*, 9 (1983), S. 230-77.

（6）Robert Weldon Whalen, *Bitter wounds. German victims of the Great War, 1914-1939* (Ithaca N.Y.: Cornell University Press, 1984).

（7）Deborah Cohen, *The war come home. Disabled Veterans in Britain and Germany, 1914-1939* (Berkeley: University of California Press, 2001).

（8）Paul Lerner, *Hysterical men. War, psychiatry, and the politics of trauma in Germany, 1890-1930* (Ithaca N.Y.: Cornell University Press, 2003).

（9）Sabine Kienitz, *Beschädigte Helden. Kriegsinvalidität und Körperbilder 1914-1923* (Paderborn: Schöningh, 2009).

（10）Stephanie Neuner, *Politik und Psychiatrie. Die staatliche Versorgung psychisch Kriegsbeschädigter in Deutschland 1920-1939* (Göttingen: Vandenhoeck & Ruprecht, 2011).

（11）Nils Löffelbein, *Ehrenbürger der Nation. Die Kriegsbeschädigten des Ersten Weltkriegs in Politik und Propaganda des Nationalsozialismus* (Essen: Klartext Verlag, 2013).

（12）加来祥男「第一次世界大戦期ドイツの戦傷者・軍人遺族扶助（一）」（『経済学研究』九州大学、六九巻一・二号、二〇〇二年）一—二六ページ、「同（二）」（同七〇巻二・三号、二〇〇三年）二七—五六ページ。

（13）北村陽子「社会のなかの『戦争障害者』——第一次世界大戦の傷跡——」（川越修・辻英史編著『社会国家を生きる』法政大学出版会、二〇〇八年）一三九—七〇ページ、北村陽子「戦間期ドイツにおける戦争障害者の社会的位置」（『社会科学』同志社大学人文科学研究所、四〇巻一号、二〇一一年）五五—七五ページ。

（14）Rainer Hudemann, *Sozialpolitik im deutschen Südwesten zwischen Tradition und Neuordnung, 1945-1953. Sozialversicherung und Kriegsopfeversorgung im Rahmen französischer Besatzungspolitik* (Mainz: v. Hase & Koehler, 1988).

（15）James M. Diehl, *The thanks of the fatherland. German veterans after the Second World War* (Chapel Hill: University of North Caroline Press, 1993).

（16） Vera Neumann, *Nicht die Rede wert. Die Privatisierung der Kriegsopfer in der frühen Bundesrepublik. Lebensgeschichtliche Erinnerungen* (Münster: Westfälisches Dampfboot, 1999).

（17） Uta Krukowska, *Kriegsversehrte. Allgemeine Lebensbedingungen und medizinische Versorgung deutscher Versehrter nach dem Ende des Zweiten Weltkrieges in der Britischen Besatzungszone Deutschlands, dargestellt am Beispiel der Hansestadt Hamburg* (Norderstedt: Books on Demand GmbH, 2006).

（18） 北村陽子「障害者の就労と『民族共同体』への道――世界大戦期ドイツにおける戦争障害者への職業教育――」（三時眞貴子・北村陽子ほか編著『教育支援と排除の比較社会史』昭和堂、二〇一六年）二六〇―八五ページ、北村陽子「『傷ついた父親』は家族の扶養者たるか――第二次世界大戦後西ドイツの戦争障害者援護――」（辻英史・川越修編著『歴史のなかの社会国家』山川出版社、二〇一六年）八三―一〇七ページ。

（19） Riederle, *Blindenführhund*.

（20） Silvana Calabro, *Der Blindenführhund. Aspekte einer besonderen Mensch-Tier-Beziehung in Geschichte und Gegenwart* (Berlin: Wissenschaft & Technik Verlag, 2002).

（21） Julia Fabienne Klan, *Der "Deutsche Verein für Sanitätshunde" und das Sanitätshundewesen in Deutschland (1893-1946)* (Gießen: VVB Laufersweiler, 2009).

（22） Bundesarchiv (BArch) Berlin, *R3901 / 9138, 9139, 9325, 9326, 9327*; Bundesarchiv (BArch) Koblenz, *Z 6 II / 149, Z40 / 212*.

（23） Klan, *Sanitätshundewesen*, S. 17-18.

（24） *Ebd.*, S. 52-56, 70.

（25） *Ebd.*, S. 40-45.

（26） *Ebd.*, S. 73-75.

（27） *Ebd.*, S. 78-83.

（28） *Ebd.*, S. 32-38.

（29） Konrad Biesalski, *Kriegskrüppelfürsorge, ein Aufklärungsort zum Trosten und zur Mahnung* (Leipzig / Hamburg: Voss, 1915), S. 138-39; 北村「社会のなかの『戦争障害者』」一四三―四四ページ。

（30） Ständign Ausstellung für Arbeiterwohlfahrt (Reichs-Anstalt) in Berlin-Charlottenburg und der Prüfsstelle für Ersatzglieder (Gutachterstelle für das preußische Kriegsministerium) in Berlin-Charlottenburg (Hg.), *Ersatzglieder und Arbeitshilfen für Kriegsbeschädigten und Unfallverletzte* (Berlin: Verlag von Julius Springer, 1919).

（31） Institut für Stadtgeschichte Frankfurt am Main, *Akten des Schulamtes, Nr 1525*.

（32） 北村「社会のなかの『戦争障害者』」一四五―四六ページ。

（33） Bernd Ulrich, "… als wenn nichts geschehen wäre". Anmerkungen zur Behandlung der Kriegsopfer während des Ersten Weltkriegs, in Gerhard Hirschfeld / Gerd Krumeich / Irina Renz (Hg.), *'Keiner fühlt sich hier mehr als Mensch…': Erlebnis und Wirkung des Ersten Weltkriegs* (Essen: Klartext Verlag, 1993), S. 115-29. ここでは S. 123-24; 北村「社会のなかの『戦争障害者』」一四九―五二ページ。

（34） Cohen, *The war come home*, pp. 68-69.

（35） A. Bischoff, Bund erblindeter Krieger e. V., in Strehl, Carl, *Handbuch der Blindenwohlfahrtspflege* (Berlin: Julius Sprinter, 1927), S. 214-15; 北村「戦間期ドイツにおける戦争障害者の社会的位置」六四ページ。

（36） Riederle, *Blindenführuhund*, S. 119.

（37） パンフレットは次の自家出版書に所収。Deutscher Verein für Santätshunde Oldenburg i.Gr., *Der Kriegsblinde mit Führerhund*, Selbstverlag 1918, in BArch Berlin, *R3901 / 9138*.

（38） Deutscher Verein für Sanitätshunde in Oldenburg an die Reichsgeschäftsstelle des Reichsausschusses der Kriegsbeschädigtenfürsorge vom 22. November 1918, betr. Ausbildung der Sanitätshund als Führerhund, in BArch Berlin, *R3901 / 9325*. ヴァイマル共和国は帝国ではないため、国全体を示す Reich の訳語には「ライヒ」を当てる。

（39） Deutscher Verein für Sanitätshunde Oldenburg an das Reichsministerium des Innern vom. 10. Dezember 1919, in BArch Berlin, *R3901 / 9138*.

（40） *Reichsgesetzblatt (RGB)*, 1919, S. 919, 943, 957.

（41） Deutscher Verein für Sanitätshunde Oldenburg an das Reichsministerium des Innern vom. 10. Dezember 1919, in BArch Berlin, *R3901 / 9138*.

（42） *RGB*, 1919, S. 1412.

（43） *RGB*, 1920, S. 990-92.

（44） *RGB*, 1920, S. 1911-913.

（45） Strehl, Carl, *Die Kriegsblindenfürsorge. Ein Ausschnitt aus der Sozialpolitik* (Berlin: Julius Springer, 1922), S. 121.

（46） *Stenographische Berichte über die Verhandlungen des Reichstags*, Bd. 374 (1920/24), S. 5003-004.

（47） Riederle, *Blindenführuhund*, S. 120-21. ポツダムの盲導犬育成学校は、一九四一年までにおよそ二、五〇〇頭の盲導犬を育成したという。

（48） Werbestelle Berlin vom Deutschen Verein für Sanitätshunde, Beitrittserklärung, in BArch Berlin, *R3901 / 9138*.

（49） Briefen von den Kriegsblinden an den Deutschen Verein für Sanitätshunde, betr. Hundekekse und Ersatzfutter in den Jahren 1920 bis 1923, in BArch Berlin, *R3901 / 9325*.

（50） Staatshauptmann der Provinz Westfalen in Münster an den Landesverband von Hauptfürsorgestelle für Kriegsbeschädigte und Kriegshinterbliebene vom 28. August 1925, betr. Führerhundeschule, in BArch Berlin, *R3901 / 9326*.

（51） 「全ドイツ視覚障害者連合」は、一般市民の視覚障害者たちが、精神的そして何よりも経済的な利害を守れるようにする相互支援組織として一九一二年に設立された。二一年に規約を改正して、視覚障害者全体の就労状況の改善に取り組む姿勢を前面に押し出すようになった（L. Gäbler-Knibbe, Reichsdeutscher Blindenverband e.V. Zentralorganisation der deutschen Blindenvereine, in Strehl, *Handbuch*, S. 216-19, ここでは S. 216-17）。この組織は一九九八年に「ドイツ視覚障害者連合」（註（4）参照）と改称して、現在まで存続している。

（52） L. Gäbler-Knibbe, *Ist der Führhund ein Gegenstand des notwendigen Lebensbedarf?* (Berlin: Verlag des Reichsdeutschen Blindenverbandes e.V., 1930), S. 4; Riederle, *Blindenführu-*

hund, S. 120.

(53) Mit dem Führhund durch Berlin, in *Der Kriegsblinde*, Jg. 11 (1927), S. 167-68.

(54) Gäbler-Knibbe, *Gegenstand des notwendigen Lebensbedarf?*, S. 7.

(55) *RGB*, 1928, Teil I, S. 388-89.

(56) Gäbler-Knibbe, *Gegenstand des notwendigen Lebensbedarf?*, S. 4-5, 8.

(57) Protokoll von der Hauptversammlung des Deutschen Vereins für Sanitätshunde am 5. Januar 1931 in Hannover, in BArch Berlin, *R3901 / 9139*; Klan, *Sanitätshundewesen*, S. 189-90.

(58) Satzung der Führhund-Stiftung, in BArch Berlin, *R3901 / 9139*.

(59) 長谷部恭男・石田勇治『ナチスの「手口」と緊急事態条項』(集英社、集英社新書、二〇一七年)六四―七一ページ。

(60) Diehl, *Thanks of the Fatherland*, pp. 32-35.

(61) *RGB*, 1933, Teil I, S. 529.

(62) Niederschrift über die konstituierende Sitzung am 26. Februar 1934 der „Deutschen Stiftung für Blindenhilfen" (Heinrich Stalling-Stiftung), in BArch Berlin, *R3901 / 9139*.

(63) ナチの人種主義政策については、ヒュー・G・ギャラファー『新装版　ナチス・ドイツと障害者「安楽死」計画』長瀬修訳(現代書館、二〇一七年)を参照。

(64) *RGB*, 1935, Teil I, S. 375.

(65) *RGB*, 1938, Teil I, S. 1095-096.

(66) Klan, *Sanitätshundewesen*, S. 193-95.

(67) Hudemann, *Sozialversicherung*, S. 400-03; 北村「『傷ついた父親』は家族の扶養者たるか」八六―八七ページ。

(68) Klan, *Sanitätshundewesen*, S. 196.

(69) Klub für Terrier an das Zentralamt für Ernährung und Landwirtshaft in der britischen Zone in Hamburg vom 7. Januar 1947, betr. Beschlagnahme von Hunden für Blindenführer-Schulen, in Bundearchiv Koblenz (BArch Koblenz), *Z6 II / 149*.

(70) Krukowska, *Kriegsversehrte*, S. 135-37.

(71) St. Georg, Bund der Erblindeten e.V., Sitz Hamburg-Brit. Zone an das Zentralamt für Ernährung und Landwirtschaft betr. Ausgabe von Futtermittelscheinen, in BArch, Koblenz, *Z6 II / 149*.

(72) *Statistisches Jahrbuch für die Bundesrepublik Deutschland*, 1953, S. 83.

(73) *Bundesgesetzblatt*, 1950, Teil I, 793-94.

(74) Riederle, *Blindenführuhund*, S. 121.

(75) 条文については、〈https://dejure.org/gesetze/SGB_V〉を、連邦通達については、〈http://www.seitle.de/wordpress/wp-content/uploads/2016/03/Bundesanzeiger117_1993_Auszug.pdf〉で確認できる(最終確認日、二〇一七年十二月二十四日)。

(愛知工業大学)

研究ノート

アジア・太平洋戦争期の出征兵士家族生活保障

——新潟県中頸城郡和田村の事例から——

山本和重

はじめに

徴兵制が施行されていた近代日本では、戦争などが勃発すると、現役の将兵に加えて、予備役、後備兵役、補充兵役にある在郷軍人が、召集令状（赤紙）により軍隊に召集され、出征していった。残された家族の生活保障に関わる施策は、傷痍軍人とその家族に対する施策などを含め、「軍事援護」「軍事救護」「軍事扶助」と呼称された。本稿は、アジア・太平洋戦争期における出征兵士家族の生活保障の実態を、新潟県のある村の兵事資料をもとに解明しようというものである。

論述の前提として、出征兵士家族の生活保障問題の由来について、述べておく。(1) 戦前日本で徴兵制度が確立するのは一八八九年の新徴兵令によってであるが、翌九〇年に勅令第六七号陸軍給与令が定められた。同令は、陸軍兵卒の給与を三割程度引き下げるとともに、予備役、後備兵役の下士兵卒が召集された場合の給与について、現役の下士兵卒以下とした。兵卒の給与は「一身上ノ小遣」という位置づけであり、戦時応召者についても、その家族の生活は考慮されなかった。そのことの問題は、八九年の新徴兵令で、一般国民とほぼ同様に兵役義務を履行することとなった文官の応召中の給与問題として、直ちに現れた。九一年の勅令第一六二号は、文官が応召した場合、奉職官庁における それまでの俸給額と陸軍給与令に基づく給与額との差額分を、文官俸給から補給するとした（内閣法制局は奉職官庁における俸給停止は「被召集文官ヲシテ些カ不幸ヲ蒙ラシム」ることを差額補給の理由としている）。こうした措置は、日清戦争・日露戦争期に官吏待遇者（公立学校職員や巡査・看守）に、そして第一次世界大戦・シベリア出兵・山東出兵の時期に陸海軍工廠の労働者層に拡大し、満州事変期には民間企業の応召者家族についても、雇傭関係にある事業主が救護するよう求める行政指導が行われた。

国家と官吏関係あるいは雇傭関係にない、一般の応召者家族の救済に関わる法令としては、日露戦争下の一九〇四年に下士兵卒家族救助令が、第一次世界大戦下の一七年に軍事救護法が制定された。しかし、ともに、救護の対象は「生活スルコト能ハサル者」に限定され、また救済は、親族知己→隣保相扶→国家の順で、国家的救護は最後の手段とされ、同法による救護は抑制された。

一九二七年に徴兵令が兵役法に全面改訂され、その審議のなかで兵役義務履行者の待遇改善が問題とされた。二九年に陸軍大臣の諮問機関として設けられた兵役義務者及癈兵待遇審議会では、「応召中ノ下士兵卒給料増額」が議案の一つとしてあった。しかし、「応召中ノ下士兵卒中ニハ、既ニ家計ノ中軸ヲ為セルモノ多ク、為ニ召集ニ依リ蒙ル家族ノ負担ハ現役下士兵卒ニ比シ大ナルモノアルハ之ヲ認メザルベカラズ」としつつも、給料の性質を「応召中ノ小遣」から変更して「家庭収入減ノ補償乃至救助ノ意味ヲ加味スル」ことは回避され、軍事救護制度に委ねるとした。(2)その軍事救護法は、日中戦争直前の三七年四月に軍事扶助法と改正され、救護の対象は旧来の生活不能者から生活困難者に拡大するものの、その幅は限定的であった。

以上のような枠組みの下で、日中戦争以後、在郷軍人が大量に動員され、その家族の生活保障をめぐる施策が展開する。

本稿が対象とするアジア・太平洋戦争期の出征兵士家族生活保障については、実証的な研究がほとんどなく、日中戦争期の軍事救護の延長線上で議論されることが多いので、以下、日中戦争期以後の軍事救護の展開に関する論考を見ていく。

日中戦争以後の軍事救護については、吉田久一の「太平洋戦争下の軍事援護事業について」が先駆的研究である。(3)吉田は、軍人援護の中央組織としての傷兵保護院（軍事保護院）や、その下部組織としての市町村単位の銃後奉公会の設置について、また国家的救護としての軍事救護法の改正・軍事扶助法の成立や軍事扶助法の施行状況、軍事援護と社会事業との関係などを扱っている。そして日中戦争以後の軍事援護の理念と実態について、総論的につぎのように述べている。軍事救護は「社会事業と相違すること、隣保相扶が基調で国家責任による権利義務関係をとらないこと、の二点が基本的思想」とされたが、「隣保相扶や自発的援護に期待をかけても、現実にその負担にたえかねている国民生活にとって、実態としては精神論や観念論になり終り、国の制度が中心となり、民間の隣保相扶を従とせざるを得ないであろう。」

日中戦争期における国家的救護の増大との関連で、銃後奉公会の結成を論じたのが、佐賀朝[4]である。軍事扶助法による救護の拡大のなかで、遺家族の側に救護を当然視する意識が生まれる。政府は、こうした権利意識と援護を担う地域社会との摩擦や、軍事援護における隣保相扶の弛緩を問題視し、一九三九年一月に地域による法外援護を一元的に行う組織として、市区町村単位の銃後奉公会を全国的に設置することを訓令する。会の目的は、国民皆兵の本義と隣保相扶の道義に基づいて「挙郷一致」して兵役義務服行の準備を整え、また軍事援護の実施において義勇奉公の精神を振作することにあるとされた。しかしながら、銃後奉公会の設置や隣保相扶の強調にもかかわらず、実態としては「援護における国家の役割はなし崩し的に拡大」したとする。

佐賀による国家的援護の「なし崩し的拡大」という理解を批判したのが、郡司淳である。郡司は、総力戦体制下での軍事救護について、①国家の援護（「国営化」）、②「国民の隣保相扶」＝銃後奉公会、③銃後奉公会の「下部組織」としての町内会・部落会—隣保班の役割という三点から検討している。[5] ①では、軍事援護に関わる国家機構は、一九三八年に結成の「軍事保護院を頂点として、法による援護と恩賜財団軍人援護会—銃後奉公会が主として担う法外援護の一元的な国家管理が実現」したとし、この国家機構により行われる施策は、日中戦争開始以前から陸軍の総力戦構想により想定されていたものであったとする。

②では、戦争長期化の下、軍事扶助に対する権利意識の拡大を抑制するために「国民の隣保相扶」が唱えられ、「援護主体と対象のいずれを問わず総力戦への『銃後奉公』」が求められるようになり、そのための組織として銃後奉公会が結成された。同会は「抑圧と平準化」の方法に頼り、援護そのものの「衰退」をもたらした。

③町内会・部落会—隣保班は、軍人遺家族の「生活実情」を「知悉」する調査機関として、銃後奉公会の「手足」と位置づけられた。アジア・太平洋戦争期には、軍事扶助の申請は応召者家族から隣組に委ねられることとなり、扶助申請は抑制される。「隣組は、相互監視機能をとおし、住民の相互不信を再生産する場とな」り、「戦争がもたら

した物的被害と同じく、むしろそれ以上に、はかりしれない爪痕を地域に残した」とする。

日中戦争以後の軍事救護について、吉田や佐賀が、応召者家族の窮迫という現実のなかで国家的救護が「なし崩し的に拡大」すると見るのに対して、郡司は国家の目的意識性、主導性を強調し、最終的には地域的な軍事援護のみならず、国家的救護も抑制されたとする理解といえる。しかし、前述のように、アジア・太平洋戦争期の軍事救護については、実証的な研究はほとんどない状況である。軍事救護の「構造」を明らかにするためには、また地域社会の実態の解明のためには、今少し、事例研究が必要なように思われる。

そこで本稿では、アジア・太平洋戦争期の国家的救護と地域的援護の実態を、村レベルで検討することにしたい。村の兵事書類は、敗戦時に、陸軍中央の命令で全国的に焼却されたが、焼却を免れて残存している地域が全国で二十数カ所ある(6)。本稿では、動員関係を除いた兵事書類が系統的かつ体系的に残存している新潟県中頸城郡和田村（現上越市）の兵事資料（上越市公文書センター所蔵。以下、所蔵は略す）を活用する。

なお、前述のように、出征兵士家族生活保障の全体像については、文官・官吏待遇者・官業労働者層、民間企業の社員・労働者層の差額補給の展開も併せて検討する必要があるが、扱う史料の性格上、今回は論及できない。

一　和田村からの出征軍人

――現役兵と応召兵の比率など――

和田村における地域的な軍事援護や、国家的救護の実態を検討する前に、日中戦争以後の和田村における兵力動員の特徴を確認しておきたい。

表1は、主に和田村役場の各年の「事務報告書」などから、日中戦争勃発の一九三七年から四一年までの応召数と、現役徴集（日中戦争勃発時の現役兵である一九三五年徴集、三六年徴集を加えてある。なお「事務報告書」には四一年以降の数値はない）の数をまとめたものである。

日中戦争の初期に、対ソ戦準備のために常設師団が温存されて、後備兵役を中心とする特設師団が動員されたことは、しばしば指摘されるところである。高田連隊区でも、特設師団の第十三師団傘下の歩兵第五十八連隊が編成され、管内から後備兵役、予備役の将兵が動員され、上海戦線に投入された。和田村でも、一九三七年中に一五六名（即日帰郷の五名を含む）に召集令状が交付された。その多くは、後にノモンハン事件時の指揮官となる荻洲立兵中将の指揮下で、上海の大場鎮攻略作戦に加わっている。他方、

表1　和田村の召集人員および現役徴集　（単位：名）

	召集人員	現役徴集
1935年	−	16
1936年	−	18
1937年	156（5）	17
1938年	57（3）	50
1939年	46（2）	45
1940年	34（3）	44
1941年	138	−

備考　召集人員欄の（　）は即日帰郷。
出所　和田村役場「事務報告書」及び同「昭和十六年　動員日誌」。

表2　出征軍人中における応召数と現役数　（単位：名）

	応召	現役	合計
（1937年）	（151）	（34）	（185）
1939年4月	145	78	223
1943年4月	144	177	321

備考　1937年の応召数は応召人員から即日帰郷を除いたもの、現役兵は35年と36年の現役徴集を合算したもの。「1939年4月」は、39年4月14日立稿、高田連隊区司令官宛、兵発第518号「軍事扶助受給者数調査ノ件回答」（和田村役場「昭和十四年　兵事ニ関スル往復文書綴」）、「1943年4月」は、43年5月4日立稿、中頸城地方事務所兵事厚生課長宛「戦没者遺族並出征軍人家族ノ指導援護ニ関スル件」（和田村役場「昭和十八年度　兵事ニ関スル綴」）による。

和田村からの現役徴集は、三五年が一六名、三六年が一八名、合計三四名（表1）であった。この地域の郷土部隊である歩兵第三十連隊の主力は、日中戦争勃発時には満州に駐屯しており、関東軍参謀長東条英機の指揮下に、チャハル攻略作戦・山西省攻略作戦に加わっている。和田村から徴集の現役兵の多くも、満州に駐屯し、同作戦に加わったものと思われる。機械的に応召兵（即日帰郷を除く）と現役兵を合算すると、合計は一八五名であるから、日中戦争初期には兵役義務履行者中、応召兵が八〇％強を占めていることになる。その後、現役徴集が拡大し、三九年には、召集令状交付者数と現役徴集者数はほぼ同一となり、四〇年には逆転する。後述するように日中戦争初期の応召員の多くは、三九年前後に召集解除となって帰還するものの、表2にあるように三九年四月時点では現役兵は七八名、応召兵は一四五名であり、応召兵の比率は六五％と依然として高い。

一九四一年六月に独ソ戦が始まると、日本陸軍は七月に対ソ戦準備のため、満州に七〇万人におよぶ空前の大動員（関東軍特種演習）を行う。和田村でも、この年の七月を中心に一三八名の在郷軍人が召集されている。そのため四一、四二年は、戦時動員兵力中に占める応召兵の比率は高まったものと推定される。それでも、四三年四月一日現在の和田村の出征軍人数は、現役一七七名、応召一四四名、合計三二一名で、応召兵の比率は約四五％と半数以下になっている。

一九四三年以後、在学徴集延期の停止（学徒出陣）や、徴兵適齢の十九歳への引き下げなどとともに、兵役年限の四十歳から四十五歳への引き上げにより、いわゆる「根こそぎ動員」が行われる。「根こそぎ」動員期における応召兵と現役兵の比率は確認できていないが、和田村役場の「軍事扶助台帳」には、四四、四五年に四十歳以上で応召した二名の存在が確認できる。後述するように、四五年に軍事扶助申請が急増するのであるが、その一因は、「根こそぎ」動員による応召者数の増大によるものである。

二　地域的な援護の推移――和田村銃後奉公会――

和田村では、日中戦争の初期における地域的な軍事援護は、主に和田村尚武会が担っていた。しかし、前述のように一九三九年一月に、地域における法外援護を一元的に行う組織として、市区町村単位の銃後奉公会を全国的に設置するように訓令があり、和田村では、三九年四月二十七日に和田村尚武会を解散し、和田村銃後奉公会を結成した。その会則は、全国一律の雛形にならったもので、第一条・第二条は、つぎの通りである。

和田村銃後奉公会々則

第一条　本会ハ和田村銃後奉公会ト称シ、事務所ヲ和田村役場ニ置ク

第二条　本会ハ国民皆兵ノ本義ト隣保相扶ノ精神トニ基キ挙郷一致兵役義務服行ノ準備ヲ整フルト共ニ、軍事援護ノ実施ニ当リ益々義勇奉公ノ精神ヲ振作スルヲ以テ目的トス

「隣保相扶ノ精神」「義勇奉公ノ精神」といったぐあいに、「精神」が強調される。第二条の目的を達成するために、第四条では、以下の一一の事業を行うとしている。「一、兵役義務心ノ昂揚　二、隣保相扶ノ道義ノ振作　三、兵役義務服行ノ準備　四、現役又ハ応召軍人若ハ傷痍軍人並ニ其ノ遺族、家族ノ援護　五、労力奉仕其ノ他家業ノ援助　六、弔意　七、慰問、慰藉　八、犒軍　九、身上及家事相談　一〇、軍事援護思想ノ普及徹底　一一、其ノ他本会ノ目的達成ニ必要ナル事業」。同会は世帯主を以て組織し（第三条）、事業に必要な経費は会員の負担（第五条）、会長は村長（第九条）となっている[7]。

アジア・太平洋戦争期の和田村銃後奉公会の活動について、日中戦争初期の和田村尚武会および、日露戦争期の和

田村周辺地域における尚武会の活動と対比して検討したい。日露戦争期については和田村尚武会の資料はないため、近隣の高城村尚武会の事例を用いることにする（高城村は高田城下町の侍町で、一九〇八年に町人町高田町と合併し高田町となった。和田村と同様、現上越市）。

表3は、日露戦争期の高城村尚武会、一九三七年度の和田村尚武会、四一年度から四四年度の和田村銃後奉公会の事業費をまとめたものである。アジア・太平洋戦争期の銃後奉公会の歳出については、各年度の歳入・歳出の予算と前年度の歳入・歳出の決算などの報告が義務づけられており[8]、その歳出の事業費に対応させて、高城村尚武会と、和田村尚武会の事業費を掲出した。備考に記したように、数値に若干の疑念があるものの、傾向を知ることはできよう。

以下、関連資料も活用しつつ、地域的援護の推移について見る。表3の高城村の数値は、銃後奉公会の費目のみを掲出したものであり、高城村尚武会の支出総額は一、六三一円五〇銭四厘であった[9]。そのほぼ半分の八二六円七二銭四厘が出征兵士家族の救護費であった。高城村では、日露戦争時に、国家による救護である下士兵卒家族救助令による被救護家族が五戸あって、その合計金額は一二四円一五銭であった。国庫補助金は尚武会による援護費八二六円七二銭四厘の一五％程度にとどまっていた。この時点では、応召者家族の救護は地域の軍事援護団体に大きく依存していた。なお、銃後奉公会の費目に即した場合は、事業費の合計一、三二八円に対して応召者家族援護（一般援護）は八二六円であり、事業費に占める比率は六二・七％と、いっそう高率となる。

日中戦争初期の一九三七年度に、和田村尚武会は、生活一時援護として四九七円を支出している。事業費中、生活援護費の占める比率は三七・七％であり、日露戦争時の高城村尚武会の比率に対して二五ポイントも低下している。他方、三七年度の和田村の軍事扶助法による扶助金額は一、九七一円二〇銭、三八年度は五、二四九円三四銭（後掲の表5）と、軍事扶助法による救護が圧倒的になる。地域の軍事援護団体による援護は、軍事扶助法による扶助の補助的なもの、軍事扶助法による扶助までの一時的なものに変化している。

こうした傾向は、銃後奉公会になると一層顕著になる。和田村銃後奉公会では、一九四一年度では生活援護費が事業費に占める割合は、九・一％にまで低下する。さらに、四二年度以降は、支出の中心は公葬費及び餞別金であり、生活援護への支出は見られなくなる。

政府は、一九四四年四月二十四日から二十九日の六日間、軍人援護強調運動を実施する。その運動に向けた、新潟県

表3　和田村銃後奉公会等の歳出の決算（事業費）　　　　（単位：円　銭以下は切り捨て）

			日露戦時 高城村尚武会	1937年度 和田村尚武会	1941年度 和田村銃後奉公会	1942年度 和田村銃後奉公会	1943年度 和田村銃後奉公会	1944年度 和田村銃後奉公会
（事務費）					367	360	728	904
兵役義務服役準備費	餞別金類	餞別金贈呈		308	400	163	415	602
		軍服類支給						24
		旅費支給					83	206
		其の他				15	119	18
		計		308	400		617	855***
	其の他							
	合計		0	308	400	178	617	855***
軍人援護費	一般援護	生活継続援護	826					
		生活一時援護		497	145	-	-	-
		医療						
		助産						
		生業援護						
		罹災者臨時援護						
		計	826（62.7%）	497（37.7%）	145（9.1%）	0（0%）	0（0%）	0（0%）
	弔意及慰問	戦傷病死者弔意	397	202	106	182	164	169
		戦傷病者慰問		85	21			
		遺族家族慰問	95		63	4	32	87
		其の他		30				
		計	492	317	190	186	196	256
	其の他	軍事援護相談			83	70		75
		歓送迎			125	176	207	69
		犒軍		195	104	287	208	486
		公葬			402	353	579	586
		祈願慰霊祭			70	2	14	92
		教化指導				60	70	
		労力奉仕			70	50	50	99
		就職斡旋職業補導						
		授産授職及託児						
		其の他						
		計	0	195	854	998	1,128	1,407
	合計		1,318	1,009	1,189*	〔1,184〕**	1,324	1,663***
其の他						484		
総計			1,318	1,317	1,593	1,847**	1,941	2,518

備考　①　歳出には、事業費とは別に、事務費と雑支出がある。

②　総括的な「決算書」における事業費（兵役義務服役準備費、軍人援護費、其の他）の数値と「事業費決算内訳」の数値とが一致しない事例や、「事業費決算内訳」において各費目の合算値と合計欄の数値とが一致しない事例がある。

1941年度の場合（*）、「決算書」では、兵役義務服役準備費が400円、軍人援護費が1,193円で、事業費は1,593円とある。しかし、「事業費決算内訳」の軍事援護費の合計額は、各費目の合算値である1,189円が記載されている。「決算書」とはあわないが、1,189円を記載した。

1942年度の場合（**）、「事業費決算内訳」の軍事援護費の合計欄は1,363円と記載されていたが、これは兵役義務服役準備費をも含めた金額であると推測されたので（ただし、合計額は1,362円）、計算上の合算金額1,184円を記載した。その場合、事業費の総計は1,846円となるが、資料通り1,847円と記載した。また「決算書」では、兵役義務服役準備費が173円、軍人援護費が0円、その他1,189円、合計1,362円と記載されているが、1,189円はその他ではなく、軍人援護費と判断した。

1944年度の場合（***）、「決算書」では、兵役義務服役準備費が850円、軍人援護費が1,603円、その他0円で、合計が2,425円となっている（計算上の合計値は2,453円）。他方「事業費決算内訳」では、兵役義務服役準備費の各費目の合算は850円であるにもかかわらず855円と記載され、軍事援護費は各費目の合算額に等しい1,663円が、そして事業費の総計は855円と1,663円の合計額である2,518円が記載されている。表では、兵役義務服役準備費について各費目の合計とは異なるが、855円を記載した。

出所　日露戦時の高城村尚武会の決算及び1937年度和田村尚武会の決算は、山本和重「軍事援護」の104頁、117頁。1941年度以降の和田村銃後奉公会の決算は、和田村役場「兵事ニ関スル往復文書綴」（各年）編綴の「軍事援護事業費調」。

内政部長の四月十四日付の依命通牒によると、市町村銃後奉公会の役割はつぎの通りである。

市町村銃後奉公会ニ於テハ役職員協議会ヲ開催シ決戦下ニ於ケル積極的活動方針ニ付協議シ〔ママ〕尚軍人遺族、家族ニ対スル精神指導ノ会合及傷痍軍人ノ妻ノ修養座談会ヲ開催スルコト[10]〔傍線は引用者。以下、同様〕

軍人遺家族などへの施策として重視されているのは、やはり精神指導である。アジア・太平洋戦争期の銃後奉公会の役割は、出征兵士の歓送、慰労、戦死者への弔意、公葬、そして遺家族への精神指導であって、応召者家族救済の機能は喪失している。

三　軍事扶助法による生活保障の推移

(一)　軍事扶助法による救護とその特徴

前述のように、出征兵士家族を救済するための法令として、一九〇四年に下士兵卒家族救助令、一七年に軍事救護法、三七年に軍事扶助法が制定された。全国的な救護・扶助金額の推移が表4、和田村の扶助金額の推移が表5である。全国的には、三九年、四〇年に減少が見られるが、これは戦争の長期化にともない日中戦争の初期に動員した特設部隊が帰還し、召集解除になったことによる。その後は、一貫して(四二年は統計上の問題)上昇している。和田村でも三九年度、四〇年度は同様の理由で減少している。和田村の場合、四三年度、四五年度も減少している。四五年度は十二月までの数値であるが、後述の内容から疑念が残る。

和田村役場の「軍事扶助台帳」によると、一九三七年以後の軍事扶助の申請許可件数の合計は一六四件である。「軍事扶助台帳」の記載項目は、軍事扶助の対象となる下士官兵の徴集年、兵種官等級、入営又は応召年月日・所属部隊又は鎮守府、兵役免除戦病死年月日・地名・所属部隊又は鎮守府、本籍、氏名。扶助出願者の本籍、住所、氏名。被扶助者の氏名、生年月日、下士官兵又は傷病兵との続柄、職業並び勤先、扶助出願又は具申年月日、扶助の開始並び指令年月日、扶助の種類・程度及び方法、扶助の廃止・停止又は変更事由及び年月日である。扶助の種類・程度及び方法の欄に、家族の一日当たりの扶助金額が記載されている。表6は、その「軍事扶助台帳」をもとに、申請件数や出願者、一戸当たりの被扶助者数(平均)、一戸一日当たりの扶助金額(平均)などをまとめたものである。

まず、扶助件数の推移から見ていく。一九三七年、四一年、四五年に扶助申請が集中している。三七年の三三件の

表4　軍事救護法（1937年から軍事扶助法）による救護の人員及び金額

年度	人員（名）	金額（円）
1917年	7,912	42,126
1918年	34,473	536,747
1919年	30,712	613,875
1920年	30,974	866,111
1921年	32,792	1,004,461
1922年	32,453	919,533
1923年	29,118	915,064
1924年	32,684	1,080,973
1925年	33,374	1,016,692
1926年	33,585	1,150,560
1927年	36,080	1,275,477
1928年	44,947	1,474,078
1929年	44,143	1,498,014
1930年	51,856	1,586,787
1931年	71,643	1,731,614
1932年	99,023	2,427,496
1933年	98,905	2,702,935
1934年	105,772	2,809,248
1935年	111,533	2,897,665
1936年	117,543	2,968,838
1937年	1,357,557	33,917,917
1938年	2,107,327	84,691,748
1939年	2,117,779	79,165,485
1940年	1,734,100	57,917,680
1941年	1,807,994	72,384,384
1942年*	1,656,851	55,289,904
1943年	1,977,185	100,837,433
1944年	2,480,756	155,578,507
1945年	2,979,562	227,709,611

出所　山本和重「軍事援護」（林博史・原田敬一・山本和重編『地域のなかの軍隊9　地域社会編　軍隊と地域社会を問う』吉川弘文館、2015年）の107頁より。1934年までは社会局社会部編『社会事業統計要覧』第10~14回〔社会局社会部、1932~36年。社会福祉調査研究会編『戦前期社会事業史料集成』第6～8巻（日本図書センター、1985年）所収〕。1935~42年は中央社会事業協会編『日本社会事業年鑑』昭和17年版・18年版（中央社会事業協会、1945年）、1943年以後は吉田久一『現代社会事業史研究』（勁草書房、1979年）。ただし、1942年は10月末現在の数値であり、大蔵省昭和財政史室編『昭和財政史』第3巻（東洋経済新報社、1955年）によると、同年の金額は、97,709,000円。

表5　軍事扶助法による扶助金額（和田村）

年度	扶助金額
1937年	1,971円20銭
1938年	5,249円34銭
1939年	4,821円53銭
1940年	3,076円75銭
1941年	5,227円68銭
1942年	7,837円40銭
1943年	4,698円40銭
1944年	6,974円42銭
1945年	4,156円24銭

出所　上越市史編さん委員会編『上越市史　通史編5　近代』（上越市、2004年）563頁より。原資料は、和田村役場「自昭和十二年　軍事扶助金・県銃後会扶助金受払簿」（上越市公文書センター所蔵）。1937年度は1937年10月以降、1945年度は1945年12月まで。

うち、二四件は、九~十月の応召者である。これは、前述の上海戦線への特設師団の動員によるものである。三七年の応召者で後年に、軍事扶助を受給している家族が、三八年に九件、三九年に二件、四〇年に一件ある。三七年の三三件の内、三五年、三六年の二件を除くと三七年の応召者一五一名（表2）に対して、四三名（二八・五%）が軍事扶助を受けていることになる。その四三件中三九件は四一年一月までに扶助が廃止・停止されている（残り四件中、一件は四三年に廃止、三件は記載なし）。三九件の廃止年は、三七年が一件、三八年が一〇件、三九年が一五件、四〇年が一二件、四一年が一件である。このうち、戦死による廃止が三件、東京府での扶助開始による支給停止が一件で、残りの三五件中、一八件に「召集解除」の記載があるが、それ以外の一七件も召集解除によるものと推定される。日中戦争初期に動員された兵士は、大部分が三九年の前後に召集が解除されたのであろう。なお召集解除となったもののうち、一名は四二年に、二名は四四年に再度召集されて、軍事扶助の給与を受けている。

一九四一年の三一件中、一六件は七月の応召である。これも前述のように、対ソ戦準備のために行われた大量動員によるものである。三一件中、四二年に八件、四三年に九件、四四年に三件、支給が廃止され、一一件は敗戦後まで継続している。

一九四五年の三二件には、和田村以外を本籍地とするものが一一件含まれている。前年の四四年にも埼玉県川口市

表6　日中戦争期、アジア・太平洋戦争期の和田村の軍事扶助

	申請許可件数(件)	当年以外の応召・入営年と人数(内数)(名)	出願者(名)					被扶助者数(合計)(名)	1戸当たりの被扶助者数(平均)(名)	1日当たりの扶助金額(合計)	1戸1日当たりの扶助金額(平均)	1人1日当たりの扶助金額(平均)
			父	戸主	母	妻	その他					
1937年	33	35年1, 36年1	(4)	(7)	(4)	(6)		87	2.6	12円35銭	37銭4厘	14銭2厘
1938年	20	37年9	8	3	7	1(5%)	1	75	3.8	7円21銭	36銭	9銭6厘
1939年	8	37年2, 38年1	2	4	1	0(0%)	1	38	4.5	2円90銭	36銭3厘	7銭6厘
1940年	8	37年1, 38年1, 39年1	4	1	0	1(11%)	2	25	3.1	5円06銭	63銭3厘	20銭2厘
1941年	31	38年1, 39年1, 40年1	15	0	10	4(13%)	2	143	4.6	18円48銭	59銭6厘	12銭9厘
1942年	11	38年1, 41年1	5	0	5	0(0%)	1	49	4.5	5円82銭	52銭9厘	11銭9厘
1943年	5	41年1	3	1	1	0(0%)	0	16	3.2	2円39銭	47銭8厘	14銭9厘
1944年	15	41年1, 42年2, 43年2	3	0	5	6(40%)	1	57	3.8	13円69銭	91銭2厘	24銭0厘
1945年	32	39年1, 40年1, 41年2, 43年3, 44年10, 記載なし11	3	0	5	23(72%)	1	98	3.1	51円65銭	1円61銭4厘	52銭7厘
1946年	1	42年1	0	0	1	0	0	3	3.0	1円25銭	1円25銭	41銭7厘
合計	164											

備考　和田村役場「軍事扶助台帳」より作成。なお1937年の出願者については、明記しているもののみを（　）で表記。

表7　軍事扶助に関する照会文書

年月日	発令者	件名	主な内容	備考
昭和18年1月26日	中支那派遣鏡第六八一七部隊長	軍事扶助及身上調査等ニ関スル件照会	首題ノ件ニ関シ調査ノ上別紙調書ニ記載シ至急折返シ回答相煩度	現役（昭和16年徴集）
昭和18年2月11日	東部第六十八部隊生駒隊長	軍事扶助ニ関スル件照会	首題ノ件ニ関シテハ既ニ御考慮相煩居ル事ト存セラレ候得共本人ニ付調査ノ結果其ノ必要有之ト認メラレ候ニ就テハ重ネテ御考慮相成度	
昭和18年4月7日	東部第六十八部隊安斎隊長	軍事扶助ニ関スル件照会	首題ノ件当隊ニ於テ教育上必要ニ付左記ニ記入ノ上折返シ御送付相成度	
昭和18年4月9日	満州第三三〇三部隊長	軍事扶助申請方ノ件依頼	首題ノ件配慮中ノ事ト思料セラル、モ調査ノ上申請方取計ヒ相成度	応召
昭和18年4月26日	東部第三十部隊長	要軍事扶助者ニ対スル証明書送付ノ件通牒	別紙人名者ノ家族ハ軍事扶助ヲ要スルモノト認メタルヲ以テ便宜証明書送付致スベキニ付至急調査ノ上扶助申請書ニ添付提出相成度	当該兵は3月20日入営。8月20日に出願、同日扶助開始（「軍事扶助台帳」）
昭和18年8月1日	ビルマ派遣高第九六一六部隊田中隊長	軍事救護ニ関スル調査並ニ戸籍謄本送付相煩度ノ件	首題ノ件ニ関シ身上指導上必要有之ニ付調査通報並ニ戸籍謄本壱部調整送付相煩度	
昭和18年8月1日	中支那派遣鏡第六八〇一部隊佐藤隊長	勤務先ノ補助・軍事救護ニ関スル件照会	首題ノ件現在補助（救護）受ケアルヤ否ヤ調査至急通報相成度	昭和16年前期徴集
昭和18年8月11日	北支派遣第三五八五部隊佐藤隊長	軍事救護ニ関スル件照会	当隊左記者家計困難ニシテ本人入営ニ依ル影響大ナルモノト思考セラル、ニ付キ状況御調ノ上軍事救護法ノ恩典ニ浴セシメ本人ヲシテ後顧ノ憂ヲ除キ度	9月19日付、12月16日付で同一人物について同様の文書
昭和18年9月10日	東部第百十一部隊木下隊	軍事扶助ニ関スル件照会	主題ノ件調査相煩度	
昭和18年9月18日	東部第二十二部隊渋谷隊長	軍事扶助ニ関スル件照会	要軍事扶助者ト認メラル、ニ付キ何分ノ御配慮相煩シ度ク	昭和16年8月応召
昭和18年10月10日	東安省虎林満洲第三一〇二部隊	軍事扶助要否ニ関スル件照会	首題ノ件至急調査ノ上通報相成度	転属
昭和18年11月26日	朝鮮羅南朝鮮第八五一〇部隊森隊長	軍事扶助要否ノ件照会	軍事扶助ノ要有ルヤニ思考致スベキニ付（略）調査ノ上軍事扶助ノ恩典ニ浴セシメラレ度	

備考　和田村役場「昭和十八年度　兵事ニ関スル綴」・「昭和十八年度　兵事関係綴」。

や福島県小名浜町を本籍とする家族への扶助が開始されているが、四五年には、本籍地が東京都八件（深川区、小石川区、荒川区、向島区、本所区、渋谷区、下谷区、麻生区）、横浜市一件（南区）、高田市二件、福井県一件（足羽郡）、石川県一件（鳳至郡）、樺太一件（真岡郡）となっている。東京、横浜の場合、空襲からの疎開の可能性が高い。また、軍事扶助法の廃止は四六年九月であるので、八月の敗戦後にも同年中に七件の扶助申請が見られる。なお、四三年三月一日現在の「軍事扶助受給者調」によると、出征軍人家族数二五三戸に対して、軍事扶助は三二戸となっている。[11]

つぎに扶助の出願者と扶助金額の推移を検討する。一九三七年については、出願者の出征兵に対する続柄が不明な出願者が少なくないため、明記してあるもののみを掲出した。四四年以降、妻が出願者であるケースが急増し、とりわけ四五年は七二％と圧倒的になる。また、一戸一日当たりの扶助金額も四四年以後、大きく変化している。四三年に比して、四四年はほぼ二倍、四五年は三倍以上になっている。和田村銃後奉公会において生活援護に対する支出がなくなるのとは対照的である。

扶助の内容を、いま少し事例に則して見ると、被扶助者が同じ五名であっても、一九四一年の場合、その構成は、たとえば十月六日応召のS・Fは「父、母、姉、妹、妹」（四一年）であり、扶助金額が一日金五二銭であるのに対して、四五年の場合、その構成は、たとえば七月二十二日応召のU・Sは「妻、次男、長女、三男、四男」であり、扶助金額は一日一円五〇銭である。さらに被扶助者が妻子のみの事例を抽出すると、四一年は三件（九・六％）であるのに対して、四五年は二〇件（六二・五％）にのぼる。日中戦争以後、戸主優先の民法上の規定とは異なり、妻への援護を重視する指導が行われていたが、アジア・太平洋戦争の末期においては、農村部においても、軍事扶助の対象が、それまでの制度としての「家」から、実態としての家族（妻子）へと劇的に移行している。[12]

右の内容は、戦時下における「家」制度の変容という議論と関連する。当該期の「家」制度に関して、一方では、扶助料・賜金の受給順位について、明治民法の扶養権利者の受給順位と異なり、配偶者たる妻が第一とされたことなどから、「現実の家庭生活の保護の道を選んでいる」とする見解[13]があり、他方では、「それはあくまでも彼女が『単なる戦没者の妻』ではなく、『戦没者の家にある妻』である場合に限ってのことであった」と「家」制度維持の側面を強調する見解がある。[14]和田村の事例は、保護の対象が制度上の「家」から実態としての家族に移行していたとする見解を支持しているといえよう。[15]

（二）　部隊から村への軍事扶助に関する照会

和田村役場の兵事資料には、部隊から村に宛てた軍事扶助に関する照会（入営者・応召者家族に対する軍事扶助申請の依頼）が多数綴られている。一九四三年度の「兵事ニ関スル綴」「兵事関係綴」には、そうした文書が一二件ある（表7。なお、「在隊兵家庭状況調査」「兵ノ身上調査」など、一般的な家庭状況調査に関わる文書は除外した）。とくに左の文書などは、出征兵士家族の生活に対する部隊の側の関心の高さを示している。

「首題ノ件ニ関シテハ既ニ御考慮相煩居ル事ト存セラレ候得共、本人ニ付調査ノ結果、其ノ必要有之ト認メラレ候ニ就テハ重ネテ御考慮相成度」（二月十一日付、東部第六十八部隊生駒隊長）

「別紙人名者ノ家族ハ軍事扶助ヲ要スルモノト認メタルヲ以テ、便宜証明書送付致スベキニ付、至急調査ノ上、扶助申請書ニ添付提出相成度」（四月二十六日付、東部第三十部隊長）

「当隊左記者家計困難ニシテ、本人入営ニ依ル影響大ナルモノト思考セラルルニ付キ、状況御調ノ上軍事救護《（扶助）》法ノ恩典ニ浴セシメ、本人ヲシテ後顧ノ憂ヲ除キ度（八月十一日付、北支派遣第三五八五部隊佐藤隊長）

こうした文書が村長宛に出されるのは、日中戦争以前においては軍事扶助を受けようとする者の出願を原則としていたのを、日中戦争勃発後に、扶助の徹底を期するという観点から、住所地市町村長等による申請を認めたことによる（一九三七年勅令第七四五号。なお、申請の許否を決するのは地方長官であった）。しかし、照会の対象となった一二名のうち、「軍事扶助台帳」で扶助許可が確認できるのは、四三年四月二十六日付で照会の一名のみである（「台帳」には同年八月二十日に出願、同日扶助開始とある）。なおこれらの照会文書には、「至急調査ノ上御回答相煩度」（八月十一日）や、「要スル者ニ対シテ其ノ支給額判明次第御通知相成度」（十月十日）といった文言が付されていたが、和田村役場ではかならずしも充分に対応できていなかったようである。表7に記載のように八月十一日付照会については、その後、九月十九日付、十二月十六日付で同一人物についての照会がされており、十二月十六日付の文書にはつぎの付箋が添付されている。

曩ニ昭和十八年八月十一日造九ノ三人乙第五四号、同九月十九日造九ノ三人乙第七〇号ヲ以テ調査回答方依頼致

置候処、其後何等ノ回答無之、処理上甚ダ支障来シ居候ニ付、至急回答相成度依頼ス
　追而現在迄延引ニ至リタル経緯ヲ詳ニセラレ度(16)

部隊所属兵士の家族状態への関心の強さをうかがうことができる。つぎの文書は、部隊長らの、そうした積極的な姿勢の背景を物語るものと思われる。

新軍扶丙第五四号
　出征兵家族状況調査ニ関スル件通牒
昭和十七年十一月十九日
新潟連隊区司令官　猪鹿倉徹郎　印
各市町村長　殿
首題ノ件ニ関シ、今般戦地部隊長ヨリ左記要旨ノ通牒アリタルニ付、関係諸機関ト緊密ナル連絡ヲ保チ、其ノ実施ニ遺憾ナキヲ期シ、長期戦下一層軍人援護実施ノ完璧ニ努メ、特ニ出征後家庭家計ノ変化ニ依ル要援護者ノ発見ニ遺漏ナキヲ期セラレ度、通牒ス
左　記
一、出征後数年ニシテ家庭ノ生計及家庭内ノ状況等変化ヲ生シ、前調書ト異ナリ、新ニ軍事扶助ヲ要スルモノアリ
二、物価騰貴ニ伴ヒ、折角軍事扶助ヲ受ケアルモ、満足ナル厚意ニ浴セサルモノアリ
右ノ如キ家庭ヲ有スル出征兵ニシテ、家庭貧困及複雑等ノ為、憂慮ノ余リ自傷シ、或ハ自暴ニ陥リ犯罪ヲ犯ス者少シトセサルニ付、出征軍人ノ家族ノ調査、並軍事扶助等ニ関シ善処相成度(17)

この文書を出した新潟連隊区司令官の猪鹿倉徹郎は、日中戦争初期、満州駐屯の歩兵第三十隊の新連隊長に就任し、チャハル攻略戦、山西省攻略戦の激戦を戦い、戦死一四五名、戦傷死二三名、戦傷者四七五名を出した指揮官であった。この文書にある家庭貧困などによる「自傷」や「犯罪」がどの程度発生していたかは不明であるが、兵士の士気や軍紀との関係で、出征兵士家族の生活が重視されていたことがわかる。軍事扶助に関する部隊（長）からの照会文書は、四四年度、四五年度にも散見される。アジア・太平洋戦争の末期においても、兵隊の士気等との関係で、家族生活への関心が継続していることがわかる。(18)

おわりに

本稿において、アジア・太平洋戦争期の出征兵士家族生活保障について、和田村役場の兵事資料を用いて明らかに

したことは、①隣保相扶の担い手とされた銃後奉公会は、応召者家族の生活援護の機能は全く喪失していたこと、②国家的救護である軍事扶助法による扶助の対象は、戦争末期には、「軍事扶助台帳」で見る限り、制度上の「家」から実態としての家族（妻子）に移行し、一戸当たりの扶助金額も急増していることである。その背景として、応召者家族の移動や、「戦地部隊長」らの要請をあげた。

もとより、一村の事例（断片）にとどまり、また郡司氏が、銃後奉公会の「下部組織」とした町内会・部落会―隣保班は検討の対象外である。ただ、軍事援護の構造の解明を課題とした郡司氏が描く戦争末期の地域社会（国家による共同性の解体）と、本稿で提示した地域社会の「断片」とはかなり様相が違っているように思われる。

本稿の理解では、国家的救護の拡大は、国家が主導したというより、戦争による国民生活の脆弱化によって、いやおうなしにもたらされたものである。それは、国民生活の窮乏に対応した形での、一九四三年前後における政策基調の変容、たとえば国家補償法的な要素をもった四二年の戦時災害保護法の制定や、四三年における国民徴用制度の国家的保障制度への展開などの動き[19]と照応している。

また、その過程における救護対象の「家」から実態としての家族への変容は、戦後の家族制度＝「家庭」に繋がるものであろう。たとえ、「新しい『家庭』は、共同体の網の目のなかに結節する『家』とは異なり、『貨幣』を命綱として広大な社会性のただなかに浮遊する私的で不安定な分子[20]」であったとしても、そこに自立の方向性があると考えるものである。

註

（1） 近代日本の出征兵士家族の生活保障に関しては、山本和重「軍事援護」（林博史・原田敬一・山本和重編『地域のなかの軍隊9　地域社会編　軍隊と地域を問う』吉川弘文館、二〇一五年）九八―一二一頁で概説した。本稿の内容は、同論文と一部重複するところがある。

（2） 島田幹事「兵役審議会書類」（国立公文書館所蔵）。

（3） 吉田久一「太平洋戦争下の軍事援護事業について」（『大正大学』社会・人間・福祉』第二号、一九六九年十二月）六七―九〇頁。軍事救護に関しては、一九九〇年代以降に急激に数多くの論文が発表されるようになるが、同論文が近代日本の軍事救護に関する最初の実証論文である。なお本文の引用は、吉田久一『現代社会事業史研究』（勁草書房、一九七九年）三七四、三七六頁による。

（4） 佐賀朝「日中戦争期における軍事援護事業の展開」（『日本史研究』第三八五号、一九九四年）二七―五六頁。

（5） 郡司淳『近代日本の国民動員――「隣保相扶」の地域統合――』（刀水書房、二〇〇九年）の第七章「戦時体制と軍事援護」。

（6）山本和重「村兵事書類小論――上伊那郡片桐村役場文書から――」（『伊那路』六四三号、二〇一〇年八月）一―一八頁の「別表　町村兵事書類の残存状況」参照。その後も、富山県舟橋村役場の兵事資料の存在が確認されている（『北日本新聞』二〇一五年六月十日付）。

（7）上越市史編さん委員会編『上越市史　別編7　兵事資料』（上越市、一九九〇年）二七一頁。

（8）一九四二年八月十一日付、社第四一三四号、新潟県学務部長通牒「銃後奉公会ニ関スル調査報告ノ件」（和田村役場「昭和十七年　兵事ニ関スル往復文書綴」第二号）。

（9）以下、高城村尚武会の支出並びに国庫補助金の支給については、山本「軍事援護」一〇四―〇五頁、ならびに上越市史編さん委員会編『上越市史　通史編5　近代』（上越市、二〇〇四年）二二七―二九頁を参照されたい。

（10）一九四四年四月十四日付、新潟県内政部長発地方事務所長他宛「軍人援護強調運動実施ニ関スル件依命通牒」（『新潟県報』第三〇号、一九四四年四月十四日）。

（11）一九三八年三月十八日立稿、中頸城地方事務所長宛「軍事扶助受給者調査ニ関スル件」（和田村役場「昭和十八年度　兵事ニ関スル綴」）。

（12）申請者の妻への移行と扶助額の増大に関連すると思われるのが、次の事例である。それは一九三七年七月（特設部隊）と四一年七月（関東軍特種演習）の両方に召集されたS・Kの家族の扶助に関わるものである。二四年一月生まれ、三四年徴集のS・Kは、三七年九月二日に予備役陸軍歩兵一等兵として歩兵第三十連隊に召集され、その家族は三八年六月から三九年一月まで軍事扶助を受給している。出願は父親によるもので、扶助対象は父と兄妻の二名、扶助金額は一日五〇銭であった（和田村「軍事扶助台帳」）。S・Kは、四一年七月十五日にも東部第二三部隊に予備役歩兵上等兵として応召・入隊し、その後、朝鮮会寧第八五〇五部隊の所属となった。この間にS・Kは結婚し独立したようで、扶助申請者は妻で、妻外一名は、居住地の東京都江戸川区で召集解除の四二年十一月まで軍事扶助を受けており、その金額は一日一円二五銭であった。扶助申請者は父親から妻にかわり、扶助対象は同じ二名であるものの、都市部と農村部との違いも反映して、扶助金額は二・五倍となっている（一九四三年三月三十日付、新潟県中頸城郡地方事務所長発和田村長宛「軍事扶助廃止之件通報」、和田村役場「昭和十八年度　兵事ニ関スル綴」）。日中戦争期に本籍地の和田村で戸主の出願により軍事扶助を受けて、アジア・太平洋戦争期に都市部で妻の出願により軍事扶助を受けている事例は、S・K以外にも、O・S（四二年三月に妻が東京市荏原区で扶助申請）がある。本論に記したように、四四年から都市部に本籍を有する応召者家族への軍事扶助が急増しているが、その応召者家族が都市部で軍事扶助を受けていた場合、農村への移住後に給付水準を急激に引き下げることは難しかったと推測される。

（13）利谷信義「戦時体制と国家――国会総動員体制における家族政策と家族法――」（福島正夫編『家族　政策と法　六　近代日本の家族政策と法』東京大学出版会、一九八四年）三四七頁。

（14）一ノ瀬俊也『近代日本の徴兵制と社会』（吉川弘文館、二〇〇四年）二七七頁。

(15)　軍事扶助ではなく、恩給（遺族扶助料）の給付に関わってつぎのような事例がある。一九四二年九月十五日付で、和田村の兵事主任は新潟連隊区司令部恩給係に「遺族扶助料ニ関スル件照会」を行った。それは、出征兵の妻子と母親とは生前から分家状態にあり、「戸籍整理上並ニ未亡人ノ今後ノ生業確立ノ目的ヲ以テ正式ニ分家セントスルモノ」であるが、「母ニ対シ扶助料ノ分割セラル、モノナリヤ」というものであった。これに対して新潟連隊区司令部扶助料係は、「母ハ失権スル」と回答している（和田村役場「昭和十七年　兵事ニ関スル往復文書綴」第二号）。応召兵の家族についても、その生活実態と生活保障の観点から、分家が推進されたとすれば、本論で指摘した妻を出願者とする事例の急増と整合的といえる。

(16)　一九四三年十二月十六日付、北支派遣造第三五八五部隊佐藤隊長発和田村長宛「軍事救護ニ関スル件照会」（和田村役場「昭和十八年　兵事関係綴」）。

(17)　和田村役場「昭和十七年　兵事ニ関スル往復文書綴」第二号。

(18)　一九四三年夏に、ガダルカナル島など南方方面の戦没者の内報が届くようになり、「遺骨」のない状態で慰霊祭が執行される。そうしたなかで、四三年七月二十日付の高田憲兵分隊長発「『ガ島』方面戦没者遺家族ノ要救護状況調査ニ関スル件照会」や、七月三十一日付の地方事務所長発「戦没者遺族援護ニ関スル事項調査ノ件」などの文書が出されている（和田村役場「昭和十八年　兵事関係綴」）。

(19)　赤澤史朗「戦時災害補償法小論」（『立命館法学』一九九二年五・六号）四〇〇―二三頁、高岡裕之「戦時動員と福祉国家」（『岩波講座アジア太平洋戦争3　動員・抵抗・翼賛』岩波書店、二〇〇六年）一二一―五〇頁。

(20)　内田隆三『国土論』（筑摩書房、二〇〇二年）一七五頁。

*なお、本稿は、二〇〇九年年度～二〇一一年度科学研究費補助金基盤研究(C)「近代日本の軍事救護に関する研究」による成果の一部である。

（東海大学）

研究ノート

社会福祉思想と人的資源の戦時動員
――産業革命以降の議論の変遷――

小野圭司

はじめに

近代は国民国家の成立と産業革命の生起で特徴付けられるが、これらは戦争の様相にも大きな影響を与えた。それまで封建領主間の争いであった戦争は、国民国家の興廃をかけたものに変貌し、国力の戦時動員が要請された。また産業革命は物資・兵員の大量生産・輸送で国力動員の要請に応える傍らで、莫大な破壊力を持つ兵器を登場させたため、戦時には損耗補充を含めた一層の兵力動員が必要となった(1)。ここに労働者であり兵士でもある一般市民は、工業生産や戦争に於ける人的資源となった。

ただし近代当初に於いて産業資本と軍とでは、人的資源の確保に対する姿勢や考え方は必ずしも同じではなかった。例えば農村部から供給される過剰労働力を抱える状況下では、産業資本にとって労働力は保全・陶冶するよりも消耗分を入れ替える方が安上がりであり、自由主義経済体制ではこのような歪を自ら修正させる誘因は沸いてこない。ところがこのような産業資本による労働力(人的資源)の「使い切り」は、同じように人的資源を必要としていた軍隊にとって好ましいものではない。近代国民国家の軍隊は戦時動員を通じて、人的資源を使い切るのではなく質量両面で向上させることがいかに重要であるか身を以って理解していた。

つまり産業革命期を通じて遅々としていた、人的資源に関して短期の合理性（使い切り）を乗り越えて長期の合理性（保全・陶冶）を追求する動きは、大規模戦争の大量動員の時代を迎えて軍事面での要請から加速されることとなった。これと並行して人的資源を巡る思想では、元々産業革命が招いた「労働者の使い切り」の是正を目指した社会福祉思想が、近代以降の大規模戦争に向けた人的資源の戦時動員に同調した。この点については、既に多くの先行研究が論じているところである。例えば山之内靖はシェルドン・ウォリン（Sheldon Sanford Wolin）を引用する形で、「福祉国家（welfare-state）とは戦争国家（warfare-state）の別名である」と述べている。(2) そしてリチャード・ティトマス（Richard Morris Titmuss）は、社会福祉政策に対して戦争の発達が与えた形而上的影響を四つの段階に類型化して論じている。(3) その一方で人的資源を巡る議論は本来経済学的であるべきにもかかわらず、社会福祉思想と戦時動員を結び付ける人的資源について、経済学の観点から十分検討されているとは言い難い。そこで本稿では人的資源を切り口に、社会福祉思想と人的資源の戦時動員の関わりの変遷について、戦争経済思想における人的資源の扱いも踏まえて論じることとする。

一　産業革命期の戦時動員と社会福祉

ここでは産業革命期の社会福祉政策の変遷を、兵力の戦時動員と関連付けた上で概観する。対象とするのは社会保険制度をいち早く整えた十八～十九世紀のドイツ（プロイセン）と、産業革命の歪が様々な形で現れたヴィクトリア朝から第二次世界大戦に至る英国である。そしてこの時期、社会福祉政策の拡充を必要としていたのは、産業資本よりも大規模戦争に向けた兵力動員に直面していた軍であった。

（一）　英独の社会福祉施策の変遷

古代から存在していた喜捨的な貧困者救済は別としても、公的扶助による組織的な社会福祉政策（例：英国のエリザベス救貧法（一五九七年））は近代以前から行われていた。しかし相互扶助的な保険制度を軸とする近代的社会保障制度は、一八八〇年代にドイツで成立した、疾病、労災、老齢・障害の三種類で構成される世界初の法定社会保険制度に始まる。これは良く知られている通り、宰相ビスマルク（Otto E. L. von Bismarck）による社会主義運動に対する「飴と鞭」政策の「飴」の部分である。(4) 戦時の動員兵力維持のための社会福祉制度の必要性は、プロイセンでは十八世紀の早い段階で認識されていた。プロイセンでは一七一七年に「就学義務令」が出されるなど、欧州では義務教育に対して最も早い取り組みがなされていた。(5) また同国では、後にシャルンホルスト（Gerhard J. D. von Scharnhorst）の指導下で導入される一般兵役義務制（一八一四年）に繋がるカントン（徴兵区）制が三三年に施行された。ところが産業革命の進展で学校に行かずに粗末な食事で過酷な労働に従事する児童は、必然的に「就学義務を果たさず、兵役義務の役にも立たない、精神的にも肉体的にも虚弱児」となっていった[6]。このような「就学と兵役の義務」と「自由主義経済の現実（重労働）」の間の矛盾の存在は一八一〇年代には認識されており、その後のドイツの社会福祉政策の嚆矢となる「児童保護規定」が三九年に制定された。

英国でもヴィクトリア朝における工場労働の実態はドイツと大差はなかったため、労働者階級の体格悪化を招いている。具体的には第二次ボーア戦争（一八九九～一九〇二年）が終結した一九〇二年に発表された英国の募兵総監（inspector-general for recruiting）の年次報告の中で、動員兵力の供給源である労働者階級の体格が相当程度悪化していることが示されている[7]。実際、陸軍志願者の内、身体検査で不合格となるものが三～四割に達していた（不合格率は六割に達するという見方もある）[8]。この後、〇六年の教育法で貧困学童への給食が認められ（費用は親が支払う給食費、寄付金、公費で負担）、一四年の新教育法では学校給食が義務化された[9]。さらに〇七年には、学校での健康診断が義務化された[10]。

その一方で戦争と社会福祉の関係においては、資源を巡る戦争と社会福祉の背反も避けられない。国民（労働者階級）の健康増進・体格向上に資すると期待され一九〇九年に予算要求された健康保険制度は、ドイツとの建艦競争を控えた状況に鑑みて議会での強い反対に遭っている[11]。最終的には自由党アスキス（Herbert H. Asquith）内閣（一九〇八～一六年）の時にロイド・ジョージ（David Lloyd George）蔵相の尽力で、ドイツの社会保険制度を参考にして「老齢年金法」（一九〇八年）と「国民保険法第一部」（健康保険：一九一一年）が、英国独自の制度として「国民保険法第二部」（失業保険：一九一一年）がそれぞれ成立した[12]。

第二次世界大戦後の英国のみならず世界の社会福祉政策に大きな影響を与えたのが、ウィリアム・ヘンリー・ベヴァリッジ（William Henry Beveridge：国民保険法第二部の立案当事者）が主催した「社会保険と関連制度に関する委員会」が戦争中の一九四二年十二月に発表した、*Social Insurance and Allied Services*（通称『ベヴァリッジ報告』）である。同報告は社会保険制度（健康保険、失業保険等）と年金を社会福祉政策の中心に据えており、これに公的扶助を加えた所得再分配の実施が基本的姿勢である[13]。これは「ゆりかごから墓場まで」の標語で象徴される英国の社会福祉政策の考え方を示したものであるが、戦時下での資本家と労働者の対立・政治的紛糾回避のため、ベヴァリッジ個人の名前で発表された。[14] 結局同報告発表後の四四年に発表された政府白書の *Social Insurance*（『社会保険』）では、「偶然から生じる個人的貧困の予防」は「福利・余暇増大による生産・国力の成長促進」と並ぶ二大目標ではあったものの、前者は資本家層の利益を謳う後者の陰に隠れた存在となった。[15]

（二）　戦争経済思想と人的資源

人的資源とは、元々経済学から派生した概念である。十九世紀以前の経済学が戦争を扱う場合の論点は主として戦時財政であったが、大規模戦争の時代を迎える二十世紀に入る辺りから、人的資源も論点に加わるようになった。その頃の主流派経済学はアルフレッド・マーシャル（Alfred Marshall）に始まるケンブリッジ学派であるが、彼らにはアダム・スミス（Adam Smith）以来の古典派経済学が依拠する「単純な自然的自由の経済体制」には、経済的厚生の最大化を達成する上で限界があるという認識があった。[16] このため彼らの経済思想は、自由主義経済がもたらした歪の修正を目的とする社会福祉と深く結び付いている。また第一次・第二次世界大戦期には、アーサー・セシル・ピグー（Arthur Cecil Pigou）とジョン・メイナード・ケインズ（John Maynard Keynes）が戦争経済に関する議論を展開するが、そこでも戦時経済政策を通じて経済的厚生をあわよくば増大させようとする姿勢が垣間見られる。以下ではケンブリッジ学派の戦争経済思想を軸に、人的資源育成の社会福祉に対する考え方を整理する。

ヴィクトリア朝のロンドン貧民街を見て回ったマーシャルは、政府による非熟練労働者に対する社会福祉の必要を唱えている。[17] ピーター・グレネヴェーゲン（Peter Groenewegen）はマーシャルのメモに基づいて、その具体例として「仕事の安定、老後における安寧、子供たちのための安寧と必需品（訓練、無料の食事）、きれいな空気、良質かつ安価な住宅」の五点を挙げている。[18] これは当時の非熟練労働者の生活環境改善を主張するものであるが、彼らは総力戦に必要な軍需品・民生品生産の担い手であり、同時に第二次ボーア戦争や第一次世界大戦等の大規模戦争では動員兵力の供給源でもあった。

マーシャルは生産活動の効率化のためには労働者の体力・知力・精神力の向上が必要であると考えていたが、これらは戦時に求められる人的資源にも不可欠なものである。[19] 加えて彼はグレネヴェーゲンの指摘項目にもあるように、中長期的な階級格差解消策として非熟練労働者の関心が低い子弟教育の重要性を強調するが、これは将来の人的資源策でもある。[20] ただしマーシャルは労働者階級の体格向上に関わる間接的な項目（生活環境）には関心を有していたものの、より直接的な手段（保健・医療）について触れていない。[21]また彼の関心は熟練労働者と非熟練労働者との格差解消に留まっており、資本家階級や中産階級との格差縮小についても論じていない。従ってマーシャルの階級格差認識は、後に社会福祉思想家が大規模戦争時に必要とみなされた大衆協働実現のための社会階層平準化には不十分であったと言えよう。

ケンブリッジ学派においてマーシャルの後継者に位置するのがピグーであり、彼は第一次世界大戦中の一九一六年に『戦争の経済と財政（*The Economy and Finance of the War*）』を、そして大戦後の二一年には『戦争経済学（*The Political Economy of War*）』（改訂版：一九四〇年）を著している。特に後者は、戦間期に各国で沸き起こった戦争経済思想の中でも代表作と目されている。またピグーは、厚生経済学の創始者としても経済学史に足跡を残している。「厚生」は「welfare」の訳語であり、言葉の上では「福祉」と同根である。

ピグーが唱える「厚生」には、経済的なものと非経済的なものがあり、前者は経済活動（市場取引）の結果として得られる満足・快楽である。[22]そして非経済的厚生として彼が列挙しているものが、「住居、医療、教育、食料、余暇、仕事場に備えられる衛生・安全器具、これらの量と質」であり、これは先に触れたマーシャルが必要と訴える非熟練労働者に対する社会福祉政策とほぼ同じ内容である。[23]本稿の関心である人的資源の確保という点では、経済的厚生よりも非経済的厚生の方が関連を有する。それと同時にピグーは、一定の所得を下回るものに対する無差別的な公的扶助の供与を、労働者階級の自立の精神を蝕むものとして忌避している。[24]つまりここから、「非熟練労働者が自立して経済的厚生を享受できるように非経済的厚生を整備する」というピグーの社会福祉に対する考え方が見えてくる。これはそのまま、労働者階級が供給源となる人的資源の質の向上に繋がるものである。

大規模戦争時の人的資源の動員（兵士や軍需産業向け労働者としての動員）との関連では、ピグーの労働争議や労働組合に対する見解を押さえておく必要がある。ピグーは平時の所得格差の縮小のためには、低賃金就労から高賃金のそれに移るという柔軟な労働力移動が必要と見ている。[25]この労働力の移動には国内の移動に限らず国境を跨ぐものも含まれるが、それは物理的な距離、人種、宗教、言語という自然的なものの他に、転居を制限する「居住法（law of settlement）」のように人為的なものによっても阻まれる。[26]彼は労働組合をその一つに挙げているが、労働組合を企業経営者との賃金交渉に際して必要であると認めていたマーシャルに比べると厳しい見方である[27]。

ピグーは、平時であっても労働組合が求める過度の賃上げ要求は、却って就労機会を奪う（資本家は労働を機械に置き換えるか、他の地域に投資を行う）という考えに立っている[28]。さらに戦時に限ると、生産を中断させる労働争議の生起を未然に防止するための法整備も唱えている[29]。他方で階級格差の縮小・解消は総力戦に際して大衆協働の前提となるものであるが、これに関してピグーは、戦費の財源を税と公債のいずれに求めるかという議論の中で所得分配に対する留意を喚起するに留まっている[30]。増税による戦費調達に際して累進課税の適用を唱えるのみであり、一層洗練された所得格差解消策を兼ね備えた戦費調達手段の提示は、実現可能性は別としてケインズの強制貯蓄（compulsory saving）案を待つことになる[31]。

ピグーとはマーシャルの弟弟子の関係にあるケインズは、一九三九年に『ザ・タイムズ（*The Times*）』紙上で発表した戦費調達に関する論稿（翌年『戦費調達論（*How to Pay for the War*）』として出版）で、戦時財政政策を通じた階級格差（資産格差）の縮小を主張する。戦時インフレは消費者から資本家への所得移転を招来し、さらに戦時国債の主な購入者は資本家層であることから、二重の作用で所得格差の増大が生じるとケインズは述べる[32]。同時に戦費調達を資産格差縮小の機会とすべく、資本課税で戦時財政を賄うべきという労働者階級の意見に対しては、それだけでは戦費を賄うには不足すると主張している[33]。大規模戦争の戦費調達は国民の九割近くを占める低所得階層にも負担を求めざるを得ないのであって、その解決策としてケインズは国民各階層に対して強制貯蓄（それは戦争終結まで凍結される）を割り当て、それを戦費に流用することを提案する[34]。

強制貯蓄による戦費調達は自発的に購入される戦時国債と異なり、金融資産が資本家に集中することが無く（貯蓄も金融資産である）、また可処分所得を抑制するので消費が抑えられインフレの回避が期待される（一種の所得政策）。これは富裕層から低所得者への所得移転を伴うものではないが、戦時財政による低所得者層の負担を極小化することができ、さらにケインズは富裕層中心の戦時増税と家族手当の支給で所得格差の縮小を目論んでいる[35]。日本の労働者年金制度（昭和十七（一九四二）年施行）も、それが戦時に成立した意味として国民の購買力吸収によるインフレ抑制が挙げられていた[36]。このようにケインズは、戦争を或る意味で社会福祉向上の機会と捉えている。ところでケインズが『戦費調達論』で言及する家族手当は子供の人数に応じた公的扶助であるが、飽く迄も低所得者への生活支援であり、将来の人的資源育成を目的としたものではない。

二　二つの世界大戦と社会福祉思想

近代以降、人道的配慮から政策が先行した社会福祉は、軍事面での必要からも促進されるようになった。そして二十世紀に入って大規模戦争に際しての兵士・産業労働者の動員要請は、英国を中心として社会福祉に対する考え方にも大きな影響を与えるようになる。ここでは大規模戦争に直面した社会福祉思想が、人的資源に関する議論をどのように発展させたかについて、三人の代表的な社会福祉思想家を取り上げて概観する。

（一）　ティトマスの四つの段階

ロンドン大学（LSE）教授であったティトマス（義務教育終了の学歴だけで実務経験を経て当時の社会政策研究の第一人者となった）は、戦争と社会福祉との関係について講演録を残している。(37) 講演そのものは第二次世界大戦終結から一〇年を経過した一九五五年に実施されたものであるが、そこでの内容は二十世紀初頭を中心としており、対象となっている戦争は第二次ボーア戦争や第一次世界大戦である。

戦争と社会福祉政策との関連でティトマスが重視するのは兵員（人的資源）の確保であり、社会福祉政策をその手段と位置付ける。近代の戦争によって政府の人的資源に対する関心は促進されたが、ティトマスはこれを大きく四段階に分けている。(38) 彼はこれを「戦時における国民の生物学的特質(biological characteristics)に対する政府による関心の高まり」と表現するが、これは「生物学的特質を有する戦争資源（人的資源＝国民）への関心の高まり」である。第一段階は国家の兵力動員能力の基盤となる人口量、第二段階は動員された兵員の質の問題、第三段階が将来にわたる（世代を超えた）兵力動員能力維持、そして第四段階が士気の保持である。初めの二つは動員兵力の量と質の確保、三つ目は時間軸、また四つ目の段階では形而上的側面が課題となっている。第二の点に関しては、産業革命を経て社会全体が心身ともに健康な労働者を求めている時代にあって、民間部門や他の公的部門との人材獲得競争の結果、健康・学力や社会適応の点で軍の入隊基準を満たさない者が増えていることが問題視されている。

これら四点について英国では、十九世紀末から二十世紀初頭にかけて社会福祉政策としての対策が講じられた（表1）。上記年次報告の発表に加えて、第二次ボーア戦争末期に公表された軍隊内の疾病や死亡の実態は政府に対策を促した。ところでティトマスは「軍務に適する」という点に於いて、身体的要件の他に精神面でのそれを重視する。産業革命によって生産工程が機械化・分業化・単純化

表1　ティトマスによる人的資源への関心の4つの段階

段階	内容	ティトマスが挙げる具体的政策
第1段階	人口の量	国勢調査（人口動態の調査）
第2段階	兵士としての質	国民保健施策（医療、機能回復）、生活支援（各種給付）
第3段階	将来の兵力動員	児童（次世代兵士）の健康増進策：学校での給食・健康診断
第4段階	動員兵士の士気	特権排除、所得・資産の公平分配、家族扶養手当等の支給

出所：Richard M. Titmuss, *Essays on 'the Welfare State,'* 2nd edition (London: Unwin University Books, 1963), pp.79-82 より作成。

され、「生理的疲労も精神的倦怠感も一切お構いなしに続く」労働環境に適応できない非熟練労働者が多く生じたように、機械化・分業化された軍隊に適応できない兵士が出てくることは十分考えられるためである(39)。ティトマスはこのような事態に対して、精神医学による解決を提唱する(40)。

ところで第一次世界大戦中（一九一六年十二月）に挙国一致内閣を組織したロイド・ジョージは、戦争遂行のためには労働者階級の協力が不可欠であり、彼らの騒動が引き起こす産業不安はドイツの軍事力よりも脅威であると認識していた(41)。このため一六年十二月に立ち上げられた復興委員会（Reconstruction Committee）、翌年に設立された復興省（Ministry of Reconstruction）が大戦後の社会福祉政策の青写真を描いた(42)。これはティトマスの第四段階に通じるものであり、次項で述べる「戦時に社会福祉政策を計画すると国民の士気が上がる」という『ベヴァリッジ報告』の考え方と軌を同じくする。ここで注意が必要なのは、社会福祉政策は戦争に直面した政府主導のみで実施されたものではないという点である。ポール・アダムス（Paul Adams）は、ティトマスの思想は労働者階級の要求が政府を動かして社会福祉施策の実現にこぎ付けた側面を見落としていると批判している(43)。

（二）『ベヴァリッジ報告』と第二次世界大戦

第二次世界大戦中に発表された『ベヴァリッジ報告』は、戦後の社会福祉政策の世界基準となったが、前述の通り戦争中の同報告の発表に関しては資本家と労働者の階級間対立が憂慮されており、英国階級社会でのティトマス第四段階の難しさが表れている(44)。なお同報告は労働者個人の福祉向上のための政策提言であり、ティトマスのような人的資源（戦時には動員兵力となる）の確保という視点には立っていない。これには個人の福祉水準に焦点を当てるという本報告の性格もあるが、労働者階級の生活環境や体格が第二次世界大戦前に大きく改善したことも原因であろう。[45]

戦争期間中の英国政府内での同報告に対する反応は、決して好意的なものばかりではなかった。[46] しかし『ベヴァリッジ報告』では、戦時（特に第二次世界大戦時）に社会福祉政策を計画する意義について最後の一節を割いて説明している。その中では前項でも触れたように、「政府がより良い世界に向けた計画を間に合うように準備していると感じた場合」は各国民の戦意が一層高揚すると述べている。[47] つまりそこで問われているのは人的資源（動員兵力）の量や質の問題では無く、精神面での効用である。実際『ベヴァリッジ報告』は王立印刷局（His Majesty's Stationary Office）が出版する政府刊行物でありながら、売り出し直後からベスト・セラーとなった。[48] また陸軍省はその要旨を小冊子に纏めて前線の兵士に配布しており、彼らの士気を高めるのに役立ったと思われる。

『ベヴァリッジ報告』は戦時中に社会福祉政策を検討することの利点として、「戦争は国民団結（national unity）を醸し出すことから、平時よりも戦時の方が社会事業の再構築を上手に達成することが可能である」こと、続けて「変革は起こってしまえば、国民団結の観念や共同目的のために個人利益の犠牲を厭わない姿勢を通じて、進歩という形で諸手を挙げて受け入れられる」ことを指摘している。[49] ベヴァリッジは社会福祉政策改革のような一種の社会変革を実行するためには、「勇気と信念」と「階級・階層の利益を克服した国民団結の観念」が必要と考えている。これは英国の階級社会にあって国民団結を達成することの難しさを吐露したものでもあるが、戦争は階級を超えた国民団結を生起させるものとして期待されている。例えば一九〇八年に成立した無拠出型の老齢年金制度は、構想から法案成立までに二〇年以上を要しているが、これほど長期間を要したことを「政治的恥辱」と呼ぶ者もいた。[50] この間英国は、第二次ボーア戦争で兵士の大量動員を経験していたが、戦争遂行のための財政負担が増大する中で、巨額の財政支出を要する社会福祉政策に対して賛同は得られなかった。[51] 即ち第二次ボーア戦争の規模では、資源（財政支出）を巡る軍備と社会福祉の関係が克服されるほどの「国民団結」は生じなかった。

このようにベヴァリッジは「社会福祉政策の実現」を目的として、「戦争が醸し出す国民団結」はその手段と見ているが、ティトマスは両者の関係を逆に捉えている（表2）。つまりティトマスによれば、第二次世界大戦は軍人の戦争ではなく一般市民のそれであった。[52] 他人からの命令で能力を発揮する軍人と異なり、一般市民は各個人が内発的に能力を発揮するため、社会福祉政策はその内発的能

表２　ティトマスとベヴァリッジが主張する戦争と社会福祉政策の関係

	目的		手段
ティトマス	戦争遂行に向けた	一般市民の内発的能力発揮	社会福祉施策
		大衆協働	〃（社会階層平準化）
ベヴァリッジ	社会福祉政策の実現		戦争がもたらす国民団結

力発揮の基盤と位置付けている。同時に戦争遂行のためには大衆の協働が不可欠であり、このためには不平等を削減し社会の階層構造が平準化される必要があると訴える。もっともティトマスも、社会福祉政策を戦争遂行に向けた「内発的能力発揮(internal sources)」や「大衆協働(co-operation of masses)」の手段であると述べる傍ら、戦争と社会福祉政策が相互に影響し合う関係であることは否定していない[53]。このような戦争を社会福祉向上の手段と捉えるベヴァリッジの考え方は、ケインズの戦時社会福祉観に通じるものがある。実際ベヴァリッジとケインズの間には第二次世界大戦開戦直前から、戦中・戦後の社会福祉政策を巡って交流があった[54]。

（三）　ジャノウィッツの人的資源観

米国における軍事社会学の草分けの一人であるモーリス・ジャノウィッツ(Morris Janowitz)は、第二次世界大戦に西側先進国が政策目標として掲げた「福祉国家」の概念にある種の矛盾を感じている[55]。彼によると社会福祉政策を巡る議論では、ヴィクトリア朝の頃には社会自身がどのように策定して運営するのか（「社会制御」）が問題であったが、これが大恐慌を契機に大きく変化した[56]。つまり道徳原理への関心に基づく社会制御の視点が無くなり、第二次世界大戦後の福祉国家（＝西側先進国）の関心は政府主導の「強制的制御」に移っている。このような視点に立つと、大恐慌を挟む第一次世界大戦期と第二次世界大戦期では大規模戦争と社会福祉の関係が大きく変化することになる。

ジャノウィッツによると総力戦に向けた動員は、普遍主義を強調するので福祉国家成立のための社会的・規範的側面形成に有用である。この見方は、社会福祉政策改革実行のためには国民団結が必要であるとするベヴァリッジの考え方に近い。英国は第一次世界大戦の総動員でその方向に一歩踏み出しており、あまつさえ多大の損失は「犠牲も平等に負担する」という圧力を高めることになった。ただし結果的に第一次世界大戦の総動員・犠牲の平等負担だけでは、

「福祉国家という目標を達成しうる行政機構を作りあげるまでには至らなかった」[57]。他方で第二次ボーア戦争時に明らかになった英国の低所得者層の体格悪化は、二つの世界大戦の動員でその事態が満足のいく水準に改善されていないことが判明したばかりでなく、米国でも同じ傾向が観察されていた。確かに「人々の力が戦争へと動員されたとき、社会秩序が内包していた欠陥が、劇的な経緯で明らかにされた」が、彼の目には明らかにされただけに留まったように映った。

ジャノウィッツの認識では、それが達成されるのは第二次世界大戦後のことである。つまり「第二次大戦中の集合行動――軍隊によるものと、民間で行われたものとを問わず――に参加することで、低階層の人々が有するアイデンティティと自己主張の意識とが高められた」[58]。ただし社会福祉政策実現のために国民全階層の団結を唱えたベヴァリッジと異なり、ジャノウィッツが注目するのは低所得階層の団結であり、それは第二次世界大戦で初めて出現したという立場である。「総力戦へ向けて人々を動員できる社会は、社会福祉へ向けても人々を動員できる社会」であり、第二次世界大戦の動員政策の実践を通じて、政治指導者達は「福祉国家を運営しうるという、知識と確信を得たのである」。ここに来て初めて『ベヴァリッジ報告』の記載内容が実現される環境が整うことになり、福祉国家の財政運営で期待がかけられたのがケインズ経済学であった。

このように第二次ボーア戦争から第一次・第二次世界大戦に至る大規模戦争は、社会福祉政策の必要性を十二分に認識させる効果があった。加えて戦時総動員体制では、女性や社会的少数者を含めた社会参加を促すことになった。これらの事実を踏まえてジャノウィッツは、「大量動員がなかったとしても、西欧社会の議会体制の中には福祉国家が出現したであろう（中略）しかし、福祉国家の制度的形態を作り上げ、そしてそれを政治の文脈に乗せたのは、このような戦時下の大量動員であった」と主張する[59]。換言すれば、「福祉国家に対する社会的、政治的需要が生み出されるためと、そして個人のために政府が大規模に介入することを社会的に正当化するための両方にとって、全面戦争が必要だった」[60]。ただしジャノウィッツの見るところでは第二次ボーア戦争以来、人的資源の質は第二次世界大戦に至っても改善されていない。その事態改善は第二次世界大戦後を俟つことになるが、（第二次ボーア戦争や第一次世界大戦の水準ではない）第二次世界大戦規模の総動員の経験は、政府主導による社会福祉政策実行の前提となった。この戦時の人的資源動員と社会福祉（人的資源の保全・陶冶）の因果関係の理解は、ベヴァリッジのそれに類似している。

三　日本に於ける社会福祉思想と人的資源

戦時の人的資源動員と社会福祉思想との関係は、二十世紀に大規模戦争の時代を迎えたこともあり、西欧に於いて同調する方向に大きく発展した。産業の発展段階が西欧諸国に比べて遅れた日本でも、時間差を置いて同様の傾向が観察されたものの、細部に於いては西欧諸国とは異なる発展を見せている。以下では西欧に遅れて産業革命を経験した日本が、大規模戦争に直面した際の社会福祉思想と人的資源動員の同調関係を概観する。

（一）　日本の近代化と社会福祉施策

欧米列強に比べて後発の工業国家であった日本では明治維新以降に産業革命が始まり、それに伴う社会福祉も明治期以降に政策課題となった。[61] また日本では、官営工場の払い下げや陸海軍工廠の存在が産業革命の進展に大きな役割を果たした。[62] つまり産業革命は民間主導、軍備強化や社会保障政策は政府主導と分かれていた欧米と異なり、近代化政策の下で学制改革（義務教育の施行は明治三十三（一九〇〇）年）や陸海軍の整備（徴兵制の実施は明治六（一八七三）年）だけではなく産業革命も政府主導の同時並行で進められた。欧米では社会福祉政策は「資本制労働関係と労働運動の発生」を前提としていたが、日本のそれは「前近代的ないし慈恵的」であり、労使は権利・義務関係というよりは主従関係であるという観点に立脚していた。[63]

明治新政府が行った初めての社会福祉施策は明治七（一八七四）年の「恤救規則」（太政官達第一六二号）で、これは貧困者に対する公的扶助である。[64] その後、就業制限や扶助制度を規定した「工場法」（明治四十四（一九一一）年制定、大正五（一九一六）年施行）等を経て、拠出型社会福祉制度となる「健康保険法」（大正十一（一九二二）年制定、大正十五（一九二六）年施行）が成立・実施されたのは第一次世界大戦後である（官業中心に共済組合制度は明治四十年代に出現）。産業革命と社会の近代化がほぼ同時期に始まったために、日本では小学校の就学率も日露戦争直前の明治三十五（一九〇二）年には九〇パーセントを超えており（ただし出席率は七五パーセント弱）、欧米のように長期にわたって児童の就業・未就学が大きな社会問題になることはなかった。[65] 行政組織の点では日華事変勃発翌年の昭和十三（一九三八）年一月に内務省から厚生省が分離独立し、社会福祉政策が一元管理される体制が整った。厚生省設立に当たっては陸軍が主導権を取っており、所掌には国民の体力向上や乳幼児・児童の衛生向上、軍事扶助（戦死者遺族や傷病兵に対する公的扶助）、労働者の保護等が含まれていた。[66] これは人的資源の動員（兵士としても産業労働力としても）に関する総力戦体制の構築を目指すものであるが、壮丁の体格悪化や軍隊内の結核蔓延という課題もあった。[67]

昭和十六（一九四一）年七月に小泉親彦（予備役陸軍軍医中将：厚生省設立に尽力）が第三次近衛内閣の厚生大臣に就任し、東条内閣総辞職（昭和十九（一九四四）年七月）までその任にあった。小泉厚相の戦時社会福祉政策は「健兵健民」政策と呼ばれ、その主な目的は産業労働力と兵士といった人的資源の質量両面での向上である。[68]ここで特筆すべきなのは、人的資源の「量」の問題が取り上げられている点である。それまでの日本の社会福祉思想では、人的資源の問題は後に触れるように「質」の問題であって、「量」は農村部の過剰労働力が都市部（工業部門）に流入して自動的に解決されるという認識であった。

ところが日華事変以降、人的資源の需要面では兵力動員に加えて軍需生産増（戦争景気で民需生産も増大していた）に伴う労働力も必要となった。同時に人的資源の供給面からは都市部への人口流入が社会全体の出生率低下を引き起こしており（都市部の出生率は農村部よりも低い）、社会福祉政策として人口増加が初めて大きな課題となった。[69]他方で老齢者支援策としては文武官吏には恩給制度が、政府現業部門には共済組合制度がそれぞれ存在していたが、産業労働者のそれとして昭和十七年に労働者年金保険が施行された（昭和十九年に厚生年金保険に改称）。ただし失業保険制度が創設されるのは、第二次世界大戦後（昭和二十二（一九四七）年）である。

（二）　日本の社会福祉思想と人的資源

日本の場合は先に述べた英国と異なり、戦争経済思想にとって人的資源は資源配分の対象であって、保全・陶冶の対象ではない。[70]戦時における人的資源の保全・陶冶の問題は、寧ろ社会福祉思想の戦争経済学的側面に見出すことができる。明治期の内務官僚として社会政策の立案に寄与した窪田静太郎は、明治三十二（一八九九）年に著した『貧民救済制度意見』の中で、慈恵主義（公的扶助による低所得層救済）と公益主義（自助努力に対する支援）の組み合わせを訴える。[71]窪田は純粋に社会福祉政策改善の観点で議論を展開しており、教育支援についても自活手段を会得させることで、貧困家庭の児童が犯罪等に走ることを未然に防止することを目的としている。[72]しかしこれは表1にあるように、将来の人的資源策でもある。

日本でのこの種の議論でティトマスの第一段階に相当する人口の量が殆ど対象となっていないのは、当時の日本では主に農村部が人的資源の供給源として機能していたためであろう。大河内一男は戦時の社会問題・社会福祉政策を論じる中で、「労働力の過剰の上に打ち樹てられた『人的資源』の数量観は、他面に於て之も我国に近年流行の、根拠のない人口増殖第一主義に援護されながら、『人的資源』問題の真の解決をかへつて妨げて来た」と断じている。[73] 彼の戦争と社会福祉の関係に対する基本的な見方は、社会政策に配慮を欠く国民経済は「人間労働力に就て専ら奪略経済的」であり、「戦争の合理的な準備が人的要素に於て不可能となる危険がある」というものである。[74] この人的要素には「軍需産業労働力の量的不足並びに質的低下、壮丁体位低下等」が含まれており、一見するとティトマスの第二段階と共に第一段階も対象となっているように見える。しかしここで言う「軍需産業労働力」は熟練労働者と解すべきであり、労働力の過剰が必ずしも熟練労働者の供給に繋がっていないことを示唆している。[75]

また大河内は資本蓄積や技術水準に劣る国が「労力の濫用（労働強化）」に頼る例は多いが、人的資源が「合理的保全」されない限り長続きしないと主張しており、この点はピグーの戦争経済論と類似している。[76] 大河内によれば、「合理的保全」は生産力拡充に欠かせない勤労者大衆の自主的協力を得るためには必要なものであり、こうして人的資源は能力を主体的に発揮し得る。これはティトマスが目的とする戦争遂行に向けた「大衆協働」と「一般市民の内発的能力発揮」と類似するが、そのための手段として大河内は「合理的保全」（＝国民の厚生）を挙げるのみである。一方で彼は、「平時の経済に於ては極めて長期間に亙って始めて実現し得る社会政策を、戦時経済体制への急速な編成替への必要上、極めて短期間に実現する」と考えており、この点はベヴァリッジ的である。[77] なおベヴァリッジは戦時の国民団結の風潮が梃子となると明示的に認識するが、大河内は経済統制の枠内で議論しており、「社会政策を経済機構に対する『外から』の又は『上から』の修正と考える立場に立」っている。[78]

法学者の立場から社会福祉政策を論じていた風早八十二も、農村部ばかりでなく都市部でも散見された、半失業状態で最低水準の生活に甘んじている過剰人口の存在を問題視していた。[79] 過剰人口は封建的な労働慣行と相俟って、婦女子の栄養不良と過労を引き起こすとしており、この観点から体格の悪化と婦女子・児童労働について考察している。付言すると風早の議論でも、人口の量は関心から外れている。もっとも風早によれば、日本と異なり欧米では農業分野での資本主義が発達して、農村部では相対的過剰労働力が存在していない。[80] このため欧米の産業資本は、労働力の源泉を現在雇用している労働者の子孫に求めざるを得ない。

従って産業側も、社会福祉政策に対する応分の負担に対して合理性を認めていた。

風早の議論の特徴は社会政策と並行して、産業資本（個別企業）による福利厚生の必要を説くことにある。例えば非熟練労働者でも対応が可能な繊維産業を中心とする日本と異なり、欧米は熟練労働を必要とする重化学工業が中心の産業構造となっており、各企業は技能教育に対する投資も合目的的であると理解していた。風早はこのような日本と欧米の社会福祉制度の差の基盤となっていた産業構造が、日華事変を契機に変化したと述べる。この時期に軍需生産の拡充のための労働力動員要請がある一方で、兵力動員や大陸への移民政策等が相俟って農村の相対的過剰人口が一挙に吸収された。

因みに英国では、第一次世界大戦時に徴兵と軍需生産拡大による余剰労働力の吸収・完全雇用の達成を既に経験している。[81] 換言すると日本は、日華事変期に至って初めてティトマスの第一段階が社会福祉政策の必要性と結び付き、同時に重化学工業化が進展して熟練労働力の需要が増大した。即ち「社会政策の徹底的拡充こそが、生産力拡充、それゆえに国防力充実にとつて合目的々」となった。[82] 孝橋正一は統制経済的政策を批判する立場から、このような風早の戦時社会福祉政策に対する見方を「理解に甘さがある」と述べている。[83] ただし孝橋の議論は、日華事変を境に過剰人口が解消したことを看過している。

人口の量については、竹中勝男が昭和十九年に発表した論稿の中で人口増加の減速を自然現象ではなく社会現象と捉えているが、これは日華事変以降の労働人口の逼迫に加え都市部への人口流入に伴う出生率低下を受けたものであろう。[84] 竹中の戦時人的資源論の特徴は、労働力の再生産（戦力回復）を人的資源の「質」の問題として取り上げている点にある。[85] また彼は労働力保全培養（労働力の再生産）と並ぶ社会福祉政策の目的に階級政策（所得再分配）を挙げており、強力な経済統制の下で労使関係は階級的利害対立関係から経営共同体へと抜本的に変化すると見ている。[86] ここには「大衆協働」とは似て非なる、「社会改良主義に事寄せながら、社会主義的視線をもって資本主義社会の解剖を行う」姿勢が観察される。[87] ただし「要救護性」の認識を社会福祉政策の前提としている竹中は、戦時体制下でその認識そのものが加速されたとしている。[88]

まとめ

社会福祉は人的資源の保全・陶冶を通して、その戦時動員と接点を有することになる。近代当初の社会福祉の分野では人道的配慮から発した政策が先行したが、二十世紀の大規模戦争を迎えて人的資源に関する考え方が社会福祉思想においても大きな命題となった。これは同時に、人的資源の戦時動員にとっての合理性を追求する課題ともなった。本稿では人的資源を巡る戦時動員と社会福祉思想の関係について、戦争経済思想の観点も交えた考察を行ったが、ここでの議論を通じて以下の各点が明らかになったと言えよう。

第一に、近代国民国家に於いて人的資源の保全・陶冶を必要としていたのは産業資本よりも寧ろ軍であり、このことは人道的観点から進められていた社会福祉政策にとって大きな推進力となった。第二に、英国に於ける、戦争経済思想(ケンブリッジ学派)と社会福祉思想の同調である。戦争と社会福祉を巡る思想は英国で大きく発展したが、この背後には、ヴィクトリア朝の頃から厚生最大化に向けて世代を跨る社会改革を論じてきた経済学が存在していた。当時の主流派経済学であったケンブリッジ学派は、産業革命によって生まれた労働者階級の経済的・非経済的厚生の向上(=低所得者層の救済・所得格差の縮小)を訴えるが、それは大規模戦時に必要な軍備と生産力を支える人的資源(兵士、労働力)確保の点からも有効であった。第三に、日本では英国で見られたような戦争経済思想と社会福祉思想の同調が観察されなかった。日本でも世界大戦(=総力戦)の時代を迎え、社会福祉政策を巡る議論は「生産力の問題として理解するということを理論的な前提」とするようになった。[89]このように人的資源の保全・陶冶は日本に於いても社会福祉思想の中心命題となるものの、戦争経済思想でそれが議論されることは殆ど無かった。

それでは日本に於いては、なぜ戦争経済思想が人的資源の保全・陶冶と距離を置いていたのであろうか。例えば日本の戦争経済学を代表する中山伊知郎の思想の根底には、「集中と育成」という考え方があるが、ここで「育成」の対象となっているのは生産資本であり人的資源ではなかった。[90]中山は戦争経済思想が人口を与件とするようになったことについて、人口の増減が意味を持つような世代を跨る長期を対象としなくなり、「人口論が理論体系の外に出た」と述べている。[91]しかしこれはティトマスの四つの段階で言えば、第一段階(人口の量)以外を説明していない。

日本の戦争経済思想が人的資源の保全・陶冶と距離を置いた理由として初めに考えられるのは、第一次世界大戦で本格的な徴兵・産業動員を経験していなかったことがある。日露戦争では日本も大規模な兵力動員を行ったが、欧州諸国が経験した第一次世界大戦の動員規模はそれをはるかに上回っている。[92]日本が人的資源の不足に直面するのは日華事変以降であるが、その時点で欧州諸国とは四半世紀近い時間差がある。さらには、日華事変そのものの存在も大きく影響していると思われる。日華事変は日露戦争を上回る大規模戦争となっており、これに対処すべく国家総動員体制が強化されていた。日本で戦争経済思想が論じられるようになったのも丁度この時期であり、それらは目前の戦争に対する政策論的な色彩を持っていた。そして日華事変とそれに続く第二次世界大戦は、結果的に長期総力戦となったものの、軍の当初の方針は「短期決戦」であった。

当時の日本の戦争経済思想は資源配分最適化（戦時経済運営）が主な関心であり、人的資源を含めた平時に於ける国力の涵養は確かに「理論体系の外」であった。もっともこれは日本の戦争経済思想だけに見られるものではなく、例えばピグーの『戦争経済学』にも同様の傾向は観察される(93)。しかしケンブリッジ学派はケインズの強制貯蓄案が示すように、戦時経済政策を通じて戦後を見据えた社会厚生の向上も視野に入れていた。そこでは文字通り「福祉国家とは戦争国家の別名」であり、戦争経済思想においても一日の長があったと言えよう。

註

（1）ナポレオン戦争以降は戦争の規模が拡大したが、各国がこれに伴う多額の戦費を負担できるようになった背景に、当時の通貨・銀行制度の発展があった〔パウル・アインチッヒ『戦争の経済的研究――次期大戦における列国経済の分析――』勝谷在登訳（白揚社、一九三九年）五―六頁〕。

（2）山之内靖著・伊豫谷登士翁他編『総力戦体制』（筑摩書房、ちくま文芸文庫、二〇一五年）一七頁。もっともウォリンが言う福祉国家は戦争国家を包含しているが、両者は同じものとして扱われていない。彼の思想を単純化すると国家は福祉国家の基盤の上に戦争国家の側面を有しており、時代によって両者間の比重の掛かり具合が異なるというものである〔シェルドン・S・ウォリン『アメリカ憲法の呪縛』千葉真他訳（みすず書房、二〇〇六年）二四頁、シェルドン・S・ウォーリン『政治とヴィジョン』尾形典男他訳（福村出版、二〇〇七年）七〇二頁〕。

（3）Richard M. Titmuss, *Essays on 'the Welfare State,'* 2nd edition (London: Unwin University Books, 1963), pp.79-82.

（4）ドイツの社会保険制度の成立については、ビスマルクが果たした役割を相対化して理解する動きがある〔福澤直樹『ドイツ社会保険史――社会国家の形成と展開――』（名古屋大学出版会、二〇一二年）第一章〕。

（5）坂口修平「啓蒙の世紀」（木村靖二編『新版世界各国史13 ドイツ史』山川出版社、二〇〇一年）一六一頁。

（6）川本知良『ドイツ社会政策・中間層政策史論Ⅰ』（未来社、一九九七年）一二五頁、一二九―一三三頁。

（7）Inter-Departmental Committee on Physical Deterioration, *Report of the Inter-Departmental Committee on Physical Deterioration*, Vol.1: Report and Appendix (London: His Majesty's Stationary Office, 1904), p.96.

（8）産業革命期の英国都市部の労働者階級の劣悪な生活環境

については、モーリス・ブルース『福祉国家への歩み——イギリスの辿った途——』秋田成就訳（法政大学出版局、一九八四年）第三章「産業革命の衝撃」を参照。

（9）パット・セイン『イギリス福祉国家の社会史——経済・社会・政治・文化的背景——』深澤和子・深澤敦訳（ミネルヴァ書房、二〇〇〇年）八九—九〇頁。

（10）この結果、第二次世界大戦前後を比較すると学童の体格は改善したが、それでも所得階層毎に改善度合いに差が生じたため所得階層別の体格格差はむしろ広がった〔R・J・クーツ『イギリス社会福祉発達史——福祉国家の形成——』星野政明訳（風媒社、一九七七年）二二五—二二七頁〕。

（11）ブルース『福祉国家への歩み』三二七—三三二頁。

（12）セイン『イギリス福祉国家の社会史』九四—一一三頁、右田紀久恵「イギリスの社会福祉」（右田紀久恵他編『〔新版〕社会福祉の歴史——政策と運動の展開——』有斐閣、有斐閣選書、二〇〇一年）七一—七四頁。

（13）William Beveridge, *Social Insurance and Allied Services* (London: His Majesty's Stationary Office, 1942), pp. 9-14. ただし『ベヴァリッジ報告』の独創的な中心思想は「最低生活費保障原則」であり、社会保険給付もそれに従属するという見方もある〔大沢真理『イギリス社会政策史』（東京大学出版会、一九八六年）一—五頁、三〇七—一一頁〕。

（14）右田「イギリスの社会福祉」八二頁。

（15）T・H・マーシャル『社会政策——二十世紀英国における——』岡田勝太郎訳（相川書房、一九八一年）一一八—一一九頁。

（16）根井雅弘『経済学の歴史』（講談社、講談社学術文庫、二〇〇五年）二五八頁。ただしアダム・スミスは単純な自由放任主義者でなく、理想的な社会政策実現のためには社会の構成員が「人間愛と仁愛とにもとづいて公共心を発揮させる人間」である必要を説く〔アダム・スミス『道徳情操論　下巻』米林富男訳（未来社、一九七〇年）四九三頁〕。なおアルフレッド・マーシャル（一八四二—一九二四）は十九世紀後半の英国を代表する経済学者（ケンブリッジ大学教授）で、ピグーやケインズはその門下生である。

（17）Alfred Marshall, *Principles of Economics*, 8th edition (London: Macmillan and Co., 1920), pp.712-22.

（18）ピーター・グレネヴェーゲン「マーシャルにおける厚生経済学と福祉国家」藤井賢治訳（小峯敦・西沢保編著『創設期の厚生経済学と福祉国家』ミネルヴァ書房、二〇一三年）七〇頁。

（19）Marshall, *Principles of Economics*, pp.193-203.

（20）山本卓「A・マーシャルによる社会問題の再発見」（小峯敦編『福祉国家の経済思想——自由と統制の統合——』ナカニシヤ出版、二〇〇六年）四一—四二頁。

（21）グレネヴェーゲン「マーシャルにおける厚生経済学と福祉国家」七八頁。

（22）ピグーの厚生経済学の概念については、山崎聡「ピグーの道徳哲学と厚生経済学」（小峯・西沢編著『創設期の厚生経済学と福祉国家』）一二七—一三〇頁を参照。

（23）A. C. Pigou, *The Economics of Welfare*, 4th edition (London: Macmillan &Co., 1950), p.759.

（24）A. C. Pigou, "Some Aspects of the Problem of Charity," in Charles F. G. Masterman, ed., *The Heart of the Empire: Discussions of Problems of Modern City Life in England. With an Essay of Imperialism* (London: T. Fisher Unwin, 1901), p.251.

（25） Pigou, *The Economics of Welfare*, p.505.

（26） *Ibid.*, p.506. 第一次世界大戦前においては、「失業は主として景気変動と労働移動性欠如の関数」であった〔小島専孝「初期ピグーの雇用・景気理論」（『経済論叢』第一八二巻第五・六号、二〇〇八年十一・十二月）三九頁〕。

（27） Marshall, *Principles of Economics*, pp.702-10. ピグーの労使関係論については、高見典和「初期ピグーの労使関係論——『産業平和の原理と方法』を中心として——」（『経済学史研究』第四八巻第一号、二〇〇六年六月）を参照。

（28） A. C. Pigou, *Principles & Methods of Industrial Peace*, (London: Macmillan & Co., 1905), pp.41-45.

（29） A. C. Pigou, *The Political Economy of War*, a new and revised edition (London: Macmillan & Co., 1940), pp.33-34.

（30） *Ibid.*, pp.81-83.

（31） 所得分配の平等に関するマーシャルとピグーの見解比較については、本郷亮『ピグーの思想と経済学——ケンブリッジの知的展開のなかで——』（名古屋大学出版会、二〇〇七年）一四三—四五頁を参照。

（32） John Maynard Keynes, *How to Pay for the War: A Radical Plan for the Chancellor of the Exchequer* (London: Macmillan & Co., 1940), p.6.

（33） *Ibid.*, p.49.

（34） *Ibid.*, pp.9-11, p.26, pp.45-46.

（35） *Ibid.*, Ch.V, Ch. VI.

（36） 高岡裕之『総力戦体制と「福祉国家」——戦時期日本の「社会改革」構想——』（岩波書店、二〇一一年）一四八頁。

（37） Richard M. Titmuss, *Essays on 'the Welfare State,'* 2nd edition (London: Unwin University Books, 1963).

（38） *Ibid.*, pp.79-82.

（39） 美馬孝人『イギリス社会政策の展開　現代経済政策シリーズ3』（日本経済評論社、二〇〇〇年）八四頁。

（40） Titmuss, *Essays on 'the Welfare State,'* p.79.

（41） David Lloyd George, *War Memories of Lloyd George: 1917* (Boston: Little, Brown, & Co., 1934), pp.169-70.

（42） 矢野聡「社会保障制度の確立と救貧法の解体」（『日本法学』第八二巻第二号、二〇一六年十月）六二〇頁。

（43） Paul Adams, "Social Policy and War," *The Journal of Sociology & Social Welfare*, Vol.4, iss.8 (March, 1977), p.422.

（44） 右田「イギリスの社会福祉」八二頁。

（45） 労働者階級の生活環境・体格改善については、Beveridge, *Social Insurance and Allied Services*, pp.165-66を参照。

（46） 長谷川淳一「戦後再建期のイギリスにおける社会政策の意義——福祉国家の成立・定着とコンセンサス論をめぐって——」（『三田学会雑誌』第九九巻第一号、二〇〇六年四月）九三—九六頁。

（47） Beveridge, *Social Insurance and Allied Services*, pp.171-72.

（48） クーツ『イギリス社会福祉発達史』一六〇—六一頁。

（49） Beveridge, *Social Insurance and Allied Services*, p.172.

（50） ブルース『福祉国家への歩み』二六四—六五頁、二七三頁。

（51） 同右、二七一—七二頁。

（52） Titmuss, *Essays on 'the Welfare State,'* pp.85-86.

（53） *Ibid.*, pp.86-87.
（54） 小峯敦『ベヴァリッジの経済思想』（昭和堂、二〇〇七年）第十一章を参照。
（55） モーリス・ジャノウィッツ（一九一九～八八）は米国の軍事社会学者であり、軍民関係に於いて一般市民の価値観を軍（軍人の価値観は時代によって異なる）が共有することの重要性を唱えた。
（56） モーリス・ジャノウィッツ『福祉国家のジレンマ――その政治・経済と社会制御――』和田修一訳（新曜社、一九八〇年）二三―二四頁。
（57） 同右、五四頁。
（58） 同右、五四―五五頁。
（59） 同右、五七頁。
（60） 同右、五六頁。
（61） 石井寛治は日本の産業革命の始まりを、銀本位制が確立した明治十九（一八八六）年としている（石井寛治『日本の産業革命――日清・日露戦争から考える――』（朝日新聞社、朝日選書、一九九七年）一五頁）。
（62） 官営工場や陸海軍工廠が産業全体に占める規模等については、佐藤昌一郎「国家資本」（大石嘉一郎編『日本産業革命の研究 上 ――確立期日本資本主義の再生産構造――』東京大学出版会、一九七五年）を参照。
（63） 風早八十二『日本社会政策史　第二版』（日本評論社、一九四七年）六頁、孝橋正一『全訂　社会事業の基本問題』（ミネルヴァ書房、一九六二年）二七七頁。
（64） 吉田久一『日本社会事業の歴史』（勁草書房、一九九四年）一五六―五八頁。
（65） 文部省『学制百年史』（ぎょうせい、一九七二年）三二一頁、大江志乃夫『国民教育と軍隊』（新日本出版社、一九七四年）一一〇頁。
（66） 厚生省二〇年史編集委員会編『厚生省二〇年史』（厚生問題研究会、一九六〇年）一〇七―〇九頁。
（67） 同右、九四―九五頁、鍾家新『日本型福祉国家の形成と「十五年戦争」』（ミネルヴァ書房、一九九八年）四一―五二頁。もっとも徴兵検査結果に基づく壮丁の体格悪化は、各年度における兵員募集数に合わせて甲・乙・丙種合格者を決めていた、「事後的な」体格悪化であり客観的事実に反するという批判がある（高岡『総力戦体制と「福祉国家」』三〇―四四頁）。
（68） 高岡『総力戦体制と「福祉国家」』二二八―二九頁。小泉厚相時代の健民健兵策の具体的な内容は、厚生省二〇年史編集委員会編『厚生省二〇年史』第三章第二節「健兵健民対策と衛生行政」を参照。
（69） 昭和十五年の時点で、昭和七十五（二〇〇〇）年の日本の人口は一億二二七四万人となり、以後は人口が減少し少子高齢化を迎えると予想されていた（高岡『総力戦体制と「福祉国家」』一八九―九四頁）。実際には平成十二（二〇〇〇）年の人口は一億二六九三万人で、人口減少が始まったのは平成二十三（二〇一一）年（人口は一億二七八三万人）であったが、七〇年以上前の推計値としては極めて正確であったと言えよう。
（70） 日本の戦争経済思想の概要については、小野圭司「第一次世界大戦が我が国の戦争経済思想に与えた影響――中山伊知郎の思想を中心に――」（『軍事史学』第五十巻第三・四合

併号、二〇一五年三月）四四二―四九頁を参照。

(71) 窪田静太郎（慶応元〜昭和二十一（一八六五〜一九四六））は、内務省で後藤新平の影響を受けて日本の初期社会政策の充実に尽力。ビスマルクの社会政策を模範に「労働者疾病保険法案」（明治三十年）、「工場法」（明治四十四年）の策定に貢献した。

(72) 窪田静太郎「貧民救済制度意見」（一八九九年六月）（国立国会図書館所蔵）六―七頁。

(73) 大河内一男『戦時社会政策論』（時潮社、一九四〇年）三三六―四〇頁。

(74) 大河内一男「戦争と社会政策」（協調会編『戦時社会政策（ドイツ編）』協調会、一九四〇年）八頁。

(75) 例えば、竹中勝男「社会政策に於ける『厚生』の理論」（竹中勝男編『厚生経済』東洋経済新報社、一九四四年）一七頁。

(76) Pigou, *The Political Economy of War*, pp.31-34.

(77) 大河内『戦時社会政策論』一四頁。

(78) 同右、八頁。

(79) 風早『日本社会政策史　第二版』一九―二五頁。風早八十二（明治三十二〜平成元（一八九九〜一九八九））は九州大学教授の職を共産党弾圧事件で追われた後に共産党に入党し、非合法活動を経て戦後は衆議院議員（共産党）、弁護士。

(80) 風早八十二「戦争と社会政策―序に代へて―」（協調会編『戦時社会政策（フランス篇）』協調会、一九三九年）四―五頁。

(81) セイン『イギリス福祉国家の社会史』一四九頁。

(82) 風早「戦争と社会政策」五頁。

(83) 孝橋正一『続 社会事業の基本問題』（ミネルヴァ書房、一九七三年）一七六―八七頁。孝橋正一（大正元〜平成十一（一九一二〜一九九九））は京都大学卒業後に治安維持法違反での逮捕を経て、戦後に龍谷大学、東洋大学、佛教大学の各教授を歴任。

(84) 竹中「社会政策に於ける『厚生』の理論」三九―四〇頁。竹中勝男（明治三十一〜昭和三十四（一八九八〜一九五九））は、同志社大学教授を経て参議院議員（社会党）として活動。

(85) 同右、四二―四三頁。

(86) 同右、九―一八頁、二一頁。

(87) 嶋田啓一郎「転換期の社会福祉論―竹中勝男『社会福祉研究』を中心として―」（『人文学（同志社大学）』第四六号、一九六〇年二月）六頁。

(88) 鍾『日本型福祉国家の形成と「十五年戦争」』二六―二七頁。

(89) 内田義彦「戦時経済学の矛盾的展開と経済理論」（一九四八年発行）（『内田義彦著作集』第十巻所収、岩波書店、一九八九年）一四頁。

(90) 中山伊知郎『戦争経済の理論』（日本評論社、一九四一年発行）（『中山伊知郎全集』第10集所収、講談社、一九七三年）七三―八一頁。

(91) 同右、六三頁。

(92) 日露戦争の日本の兵力動員と第一次世界大戦時の欧州諸国のそれについては、陸軍省『明治卅七八年戦役統計』第四巻（陸軍省、一九一一年）七頁、E. L. Bogart, *Direct and Indirect Cost of the Great World War* (New York: Oxford University Press, 1902), p.267を参照。

(93) Pigou, *The Political Economy of War*, Ch. III.

（防衛省防衛研究所）

一八六〇年代中国海域における海賊鎮圧の外交史的意義

——イギリス海軍主導による「国際協力体制」の再検討を通じて——

小風尚樹

はじめに

第一次アヘン戦争の講和条約である南京条約で上海や寧波など五港が開港し、欧米の対中貿易の規模が拡大するにつれて、海上貿易路における商船の保護は、各国海軍の任務の中でも重要性を増していった。(1)こうした海域秩序維持の一環として、欧米各国の中でも特にイギリス海軍は、一八四〇年代半ばから、植民地として割譲された香港近辺の海域における海賊鎮圧を本格化させた。この背景には、本来海賊を取り締まるはずの清朝水師（水上警察）がその機能を十分に果たしていなかったことが挙げられる。

この問題に関する先行研究の中で、最初に取り上げるべきはグレイス・フォックス（Grace Fox）の一九四〇年の研究である。海賊鎮圧をはじめとする中国海域の秩序維持活動について、清朝水師ではなくむしろイギリス海軍が主導していたことを明らかにしたのはフォックスである。(2)同研究は、特にイギリス海軍政策の決定過程や、駐清イギリス公使・領事と中国海域で任務にあたっていたイギリス海軍の司令長官および清朝当局とのやりとりについての精緻な分析ゆえに、刊行後七五年以上が過ぎた現在でもイギリス海軍史や中国海事史において受容され続けている。(3)その中でフォックスは、一八六〇年代の中国海域における海賊鎮圧のための「国際協力体制」について一章を割き、イギリスを含めた欧米一〇カ国海軍が「国際協力体制」を構築し、団結的な努力の結果、海賊鎮圧にとって有効な方策を清朝政府から引き出すことに成功したとし、海軍史の枠をこえて外交史に関しても興味深い解釈を提示した。(4)

同じくイギリス海軍史では横井勝彦が、フォックスの研究を紹介する際に「国際協力体制」という訳語を用いた。その上で、「国際協力体制」が構築されていたからこそ、イギリス海軍は東アジア海域における軍艦の配備数を減らすことができ、同時期の海相チルダース（Hugh Culling Eardley Childers）による海軍再編計画の素地が整ったと、フォックスの解釈に基づいてより広い視角で議論を発展させた[5]。

一方、中国海事史では村上衛が、フォックスの解釈を一部継承しつつも、イギリス海軍が海賊鎮圧の主導的役割を果たしていたということは、裏を返せば清朝が海域秩序の維持を外部委託する形で、イギリスの海軍力を巧みに利用したということに他ならないと指摘した[6]。村上の研究は、海事史の観点からも東アジアにおけるイギリスの影響力を過大評価し過ぎない必要性を提示し、一九世紀東アジアの国際関係史にも大いに示唆を与えたのである。

しかしながら、フォックスおよびその修正論には再検討の余地がある。なぜなら議論の土台となっているフォックスの研究に、実証面での難点が二つあるからである。第一に、フォックスは、イギリス海軍以外の欧米海軍との協力作戦について、その活動詳細は史料上の制約から解明が困難であるとしたが[7]、これは別の史料から再構成を試みることが可能である。第二に、フォックスは、各国海軍の活動詳細が不明瞭であるとしながらも、「国際協力体制」が存在し、さらにそれこそが中国に対する欧米各国の利己的な姿勢に一定の歯止めをかけたと結論付けたが[8]、この結論は実証を欠いている。

フォックスのこうした理想主義的な結論は、いわゆる「同治中興」と言い表されるような[9]、一八六〇～七〇年代半ばにおいて中国社会が相対的に安定した状況にあったとする時代認識に通ずるものがあると思われるが、七〇年代後半以降、欧米各国による対清政策が強硬なものになっていったことに鑑みれば[10]、六〇年代における欧米諸国の対清政策についても、その協調的な側面のみを強調するわけにはいかないだろう。つまり、同治中興期における欧米諸国の対清政策は、欧米諸国間の「協力」関係を基礎に、清朝政府の権力強化および中国市場の安定化に「協力」するという二重の意味での「協力政策」であったとされてきたが[11]、その協調的な側面の背後にあった外交的思惑を現実主義的に探る必要があると思われるのである。

このような問題関心の下で、東アジアの海域秩序に対する欧米諸国海軍の関与とその外交的背景を捉えようとする際には、これまで定説とされてきたフォックスの議論をまず軍事史の観点から修正した上で、外交史的意義について再検討することが必要である。

そこで本稿は、第一に、「国際協力体制」が構築された前提について、中国海域におけるイギリス海軍の活動を中国国内の状況と合わせて考察する。第二に、「国際協力体制」が構築された経緯について、イギリスの外相クラレンドン（Villiers, George William Frederick, 4th Earl of Clarendon）の公信を中心に検討する。第三に、一八六〇年代の中国海域における「国際協力体制」の実態について、フォックスの用いなかった史料を基に欧米海軍の活動実態をある程度再構成した上で、清朝国内政治とも関連させながら、「国際協力体制」という外交戦略上の手段によって関係各国がどのような外交成果を引き出そうとしていたのかを検討する。

主な史料は、イギリス海軍省文書の内、一八五六〜七八年を対象に中国ステーション関連の公信に特化して集成された一二五番（以下、ＡＤＭ１２５）である。(12) ＡＤＭ１２５は、全一五〇巻のうち一巻から二三巻において、右記の公信を時系列に沿って採録しており、同時代に作成された索引が各巻頭に備わっているため、中長期的なスパンで中国海域に関するイギリス海軍政策の動向を捉えることができる。つまり、網羅性と検索性を備えた史料であると言える。(13)

一　中国海域における英清協力の試み

（一）　中国海域の秩序維持活動におけるイギリス海軍のジレンマ

そもそも一九世紀半ばにおける中国海域の海賊というのは、(14) 開港場を結ぶ沿海交易の流通の担い手であった福建人・広東人水夫が、欧米船の台頭により職を失ったことで略奪行為に転じるか、漁業従事者が不漁の時期だけ海賊行為に手を染めることが主な発生要因であった。つまり、一種の経済活動として一時的な海賊行為を働くことを選択していたと言えよう。こうした経済活動としての海賊行為が行われる場所としては、必然的に貿易に携わる者が集まる地域、すなわち港や沿海が主であった。(15)

中国海域の海賊取り締まりは、本来は清朝水師の職務であったが、彼らはむしろ商業に従事することを本業とし、ほとんど海賊と同化し、広東人海賊との癒着すら疑われていた。これらを問題視したイギリス海軍が、一八四〇年代半ばから香港近海における海賊鎮圧を中心的に担っていくようになると、福建・浙江沿海の清朝官僚はイギリス海軍による活動の実効性を認識するようになり、中国人商人も、沿岸や河川の地理情報や海賊船に関する情報をイギリス海軍に提供するようになるなど、英清間に事実上の協力関係が構築されていった[16]。こうした関係は、第二次アヘン戦争中のような敵対的な外交状態にあった時期においても存続し、清朝側も一八六六年頃までは情報提供を行うことによって海賊鎮圧に貢献していた[17]。

海賊鎮圧を目的とした英清間の事実上の協力関係は、一八五八年に両国間で締結された天津条約に具体化されることとなった。すなわち、

一九条　もし英国の商船が、中国水域にいる間に強盗や海賊に略奪を受けた場合、件の強盗や海賊を捕え、罰するためのあらゆる手段を講じる義務、そしてその奪われた財産について、領事を通して元の持ち主に修復して引き渡すという形で補償する義務は清朝当局にある。

五二条　敵対的でない目的で来訪したか、もしくは海賊を追跡することに従事している英国軍艦は、中国皇帝の支配地にあるすべての港に寄港する自由があり、食糧の購入や水の調達、そして必要とあらば、〔軍艦の（筆者註。以下、同様）〕修復のためのあらゆる便宜を供せられる。そうした軍艦の司令官は、清朝の役人と対等な立場で儀礼的な行為を伴うことにより、〔外交的に〕交際することができる。

五三条　中国海域における海賊行為の跋扈に起因する、自国と外国との貿易への被害に鑑み、締約国は海賊行為の鎮圧に対し、協調して方策を講じることに同意する[18]。

これらの条項は、海賊被害が両国共通の懸念事項であったことを示している。このうち五二条により、イギリス海軍は中国の領海（とヨーロッパ海洋法的に認識されるような範囲[19]）だけでなく、内陸部の河川においても海賊鎮圧ができるようになった[20]。五三条は、イギリスと清朝が協力して海賊鎮圧にあたることを明文化したものであり、この条項を参考に、欧米各国は中国における海賊関連条項を清朝との講和条約に盛り込んだため[21]、海賊行為が国際的な懸念事項であるという認識が、文面上は共有された。

しかし、一八六〇年代初頭の中国国内情勢に鑑みれば、この天津条約五三条はその効力を期待できるものではなかった。というのも、一八六一年の咸豊帝の死後、恭親王《きょうしんのう》奕訢《えききん》・桂良《けいりょう》・文祥《ぶんしょう》ら和平派が首謀した北京クーデターにより樹立された暫定政権は[22]、いまだ財源も少なく不安定であり、とても中国海域における海賊鎮圧活動を遂行できる余

裕はないだろうと、欧米各国から認識されていた。さらに、天津条約によって北京に駐在することとなった初代駐清イギリス公使フレデリック・ブルース（Sir Frederick Bruce）は、中国海域において海賊や略奪者が跋扈する要因として、イギリス植民地の香港やシンガポールにおける密輸によって武器が流出していることが挙げられるため、イギリス海軍には海賊鎮圧を行う責任があるという見解を、当時のラッセル（John Russell, 1st Earl of Russell）外相に宛てて表明していた[23]。

つまり、中国海域における海賊鎮圧は、清朝と欧米諸国が協力して行う活動であるとの認識が明文化されはしたものの、清朝水師の無力さや中国国内の政情不安といった事情から、イギリス海軍が鎮圧任務の中心的役割を果たす図式がすぐに変わることはなかったということである。加えて、清朝がイギリス海軍に中国海域の秩序維持を委託している限り、自前の海軍を整備・改革する必要性には迫られなかったため[24]、やはりイギリス海軍に負担が集中する構造は容易には変わらなかった。

しかしイギリス海軍も、本国から遠く離れた中国海域の秩序維持活動に対し、いつまでもコストをかけているわけにはいかなかった。一九世紀半ばにおけるイギリス最大の脅威は何と言ってもフランス海軍であり、特に一八五八年にナポレオン三世統治下のフランスが進水させた鉄装甲艦「グロワール」に見られた一連の技術革新は、イギリス国内におけるフランスとの戦争恐怖騒動につながった[25]。こうした事態に対処し、本国海域に配備する装甲艦の建造費用を捻出するためにも、中国海域の秩序維持にかかるコストはできる限り抑え、かつ中国海域における海賊鎮圧活動の効率を維持しなければならなかった。だが、イギリス海軍が海賊鎮圧を中心的に行っている以上、清朝海軍が整備される見込みは低かった。

こうしたイギリス海軍のジレンマが克服される兆しが見えたきっかけが、次節で述べるように、太平天国軍の鎮定を目的とする清朝と欧米諸国の軍事的提携関係であった。

（二）　太平天国軍鎮定とレイ・オズボーン艦隊事件

前述のようにブルースは、中国海域における海賊行為を助長する原因の一端がイギリス側にもあるとの見解を示したものの、イギリス海軍に負担が偏った状況を看過していたわけではなかった。折しも、一八五〇年代から中国全土に広がっていた太平天国の乱の対応に苦慮する清朝政府に軍事的な援助を行う機会を利用して、イギリス海軍の負担を軽減しようとしたのである。

そもそも、第二次アヘン戦争中から一八六〇年代前半にかけての欧米諸国の対清外交の基本方針は、中国市場を安定化させることと、清朝政治権力を存続させることにあった。すなわち、第一次アヘン戦争後の南京条約で認められた貿易権益の拡大を目的とした第二次アヘン戦争は、中国国内の太平天国の乱と同時期に進行しており、欧米諸国が貿易権益の拡大を達成するには、第二次アヘン戦争後においても清朝側の交渉当事者の政治権力が存続し、安定的に中国国内を統治してもらう必要があったため、太平天国軍ではなく恭親王が実権を握る清朝政府に加担する方針を取ったのである[26]。こうした清朝に対する欧米の「協力政策」の一環として、いわゆる常勝軍に典型的に見られたイギリスやアメリカを中心とする軍事的援助があり、これらと湘軍や淮軍といった郷勇〔地方で組織された義勇軍〕を指揮する曽国藩や李鴻章らとの連携作戦が功を奏し、太平天国軍の鎮定が進んだのであった[27]。

太平天国軍の鎮定にあたっての清朝と欧米各国との協力関係は、陸地における戦闘だけに限られたものではなかった。恭親王は、内政問題の解決にあたって、円滑な対外関係を利用し、欧米諸国の援助を受けることも辞さないと考える人物であった[28]。彼は太平天国軍の鎮定に際して、揚子江における清朝海軍力の不備を問題視していたため、イギリスの総税務司代理ロバート・ハート（Robert Hart）からの情報提供を受け、欧米式軍艦を購入して太平天国軍の鎮定に充てるという計画を練った。恭親王政権が発足して間もない、一八六一年のことであった[29][30]。

こうした清朝側の動きは、中国海域における海賊鎮圧を主導し、太平天国軍の鎮定にも駆り出されたイギリス海軍の負担を減少させる契機となり得た。というのも、太平天国軍の鎮定に関連してブルースが述べたように、

我が国政府の重要な目的は、現時点においては開港場の安全を確保することだが、それだけでなく、そうした港に我々の軍を駐屯させる必要性から解放してくれるような軍事力を、清朝当局に組織する気にさせることである[31]。

とする見解が見られたからである。つまり、中国国内の反体制分子の鎮圧を補助する任務は一時的なものであるべきで、イギリス海軍のジレンマを克服するための方策としても、イギリス海軍が担っている軍務〔開港場の安全保障のための駐屯および海域秩序の維持活動〕を肩代わりできるような軍事力を清朝が保有するのが好ましいというものである。こうした状況の中、恭親王が計画した欧米軍艦購入計画は、イギリス海軍の軍備削減と清朝の軍事力増強を同時に達成し得る可能性を秘めたものであった。

しかし、購入したイギリス式の軍艦を清朝海軍に編入する計画は、艦隊の指揮権をめぐる認識の齟齬を原因として頓挫してしまった。いわゆるレイ・オズボーン艦隊事件である。

一八六一年十二月、太平天国軍によって寧波および杭州が占領されると、恭親王は、ハートから得ていた欧米式の蒸気船に関する情報を基に七隻の兵船購入を決定した。同艦隊の運営に関してイギリス側では、海軍大佐のシェラルド・オズボーン（Sherard Osborn）を司令官とし、清朝皇帝から総税務司ネルソン・レイ（Horatio Nelson Ray）を通じてオズボーンに命令が伝達されると規定されていた。[32] 一方清朝側では、太平天国軍の鎮圧にあたっていた湘軍の指揮官で両江総督の曽国藩が、購入した艦隊を湘軍のものとする提言を行い、すでに皇帝から裁可されてしまっていた。[33]

こうしたイギリス側の艦隊運営に関する規定と、中国側の艦隊指揮権に関する決定との矛盾を調整すべく恭親王は奔走したが、曽国藩や李鴻章から激しい非難を浴びることとなった。そもそも、曽国藩がレイ・オズボーン艦隊を湘軍のものとしようとした提言には、同艦隊が中央政府の恭親王の政治的基盤を強める結果になることを避けようとする意図があったのである。つまり、太平天国軍の鎮定という中国の内政問題は、中央と地方で共通した懸念事項ではあったものの、軍事力の保有が政治的プレゼンスの源になり得る恐れから、レイ・オズボーン艦隊の購入計画自体が頓挫したのである。[34]

レイ・オズボーン艦隊事件は、確かに中国の海軍力増強にとって何らの寄与もしなかったが、海軍力がいわば政争の具としても有効であることを地方の有力督撫に認識させたため、海軍建設の重要性が認識されることとなった。[35] 両次アヘン戦争での敗北をもってしても、海軍建設を推進する意見が主流にならず、自国の海域秩序をイギリス海軍に外部委託していた清朝においては、[36] 国内の政治的プレゼンスの獲得競争という文脈の中でこそ、海軍建設の重要性が認識されたのであった。中国海域におけるイギリス海軍のジレンマも、ここに克服される素地が整ったと言えよう。次章から検討する海賊鎮圧を目的とした「国際協力体制」は、こうした素地の上に築かれていくことになる。

ただし、ここで確認すべきは、一八六〇年代の中国海域における海賊被害自体がすでに小規模なものになっていたということである。[37]

図1のうち、四九〜五八年が、香港植民地警察当局宛ての海賊行為取締件数、[39] そして六四〜七〇年が、中国海域全般における海賊被害のうち、イギリス海軍省に宛てられた被害届件数である。[40] これを見ると確かに六〇年代は、報告の対象地域が広がっているにもかかわらず被害届件数は多

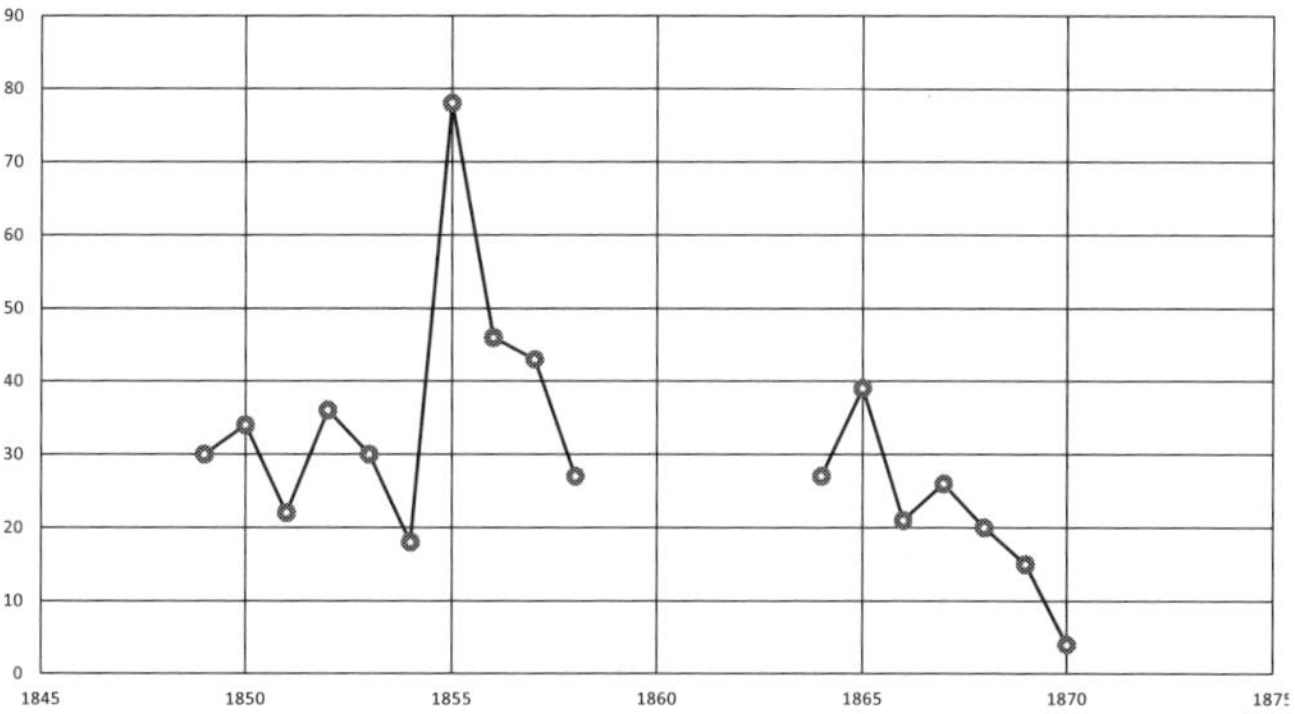

図１　19世紀半ばにおける海賊事件の取締件数・被害届件数の比較[38]

くとも四〇件にとどまっているため、イギリス海軍にとっての負担も四〇～五〇年代よりは軽減されていたと考えられるだろう。[41]

　しかし、ひとたび海賊被害が問題視されれば、海賊の構成や出自、ひいてはその規模など海賊の実態は重要ではなかった。[42]むしろ、どういった立場の者が海賊被害を問題として認識するかが、その後の対処のあり方を決める上で重要だったのである。

二　クラレンドンによる「国際協力体制」の呼びかけ

中国海域における海賊鎮圧を目的とした欧米海軍による「国際協力体制」が構築されたきっかけは、一八六六年一月、イギリスの民間海運企業であるP&O社（Peninsular and Oriental Steam Navigation Company）の要請文を閲覧したクラレンドン外相が、中国海域における海賊行為が驚異的に増加していると認識し、海軍省に対して同海域におけるイギリスの貿易を保護する重要性を主張したことである。しかし、貿易保護の必要性を認識したクラレンドンによる国際協力の呼びかけとP&O社の要請文との関係性については、これまで分析されてこなかった。[43]

　まずP&O社要請文の内容から検討していこう。[44]これは、当時のP&O香港支社長トマス・サザランド（Thomas Sutherland）からP&Oロンドン本社経営陣に宛てられたもので、イギリス外務省と郵政省にも複写が送られた。

　要請文の要点は、次の四つである。まず一つ目は、この要請文が、海賊被害に対する予防策として武器の調達をP&Oロンドン本社経営陣に訴えたものであるということ。二つ目は、中国船だけでなく、ヨーロッパの船舶も海賊被害に遭うようになってしまった状況を指摘していること。三つ目は、レイ・オズボーン艦隊事件以来、中国政府による対応が見られないこと。そして最後に、中国政府との協力関係の下、海賊鎮圧のための組織化された制度を確立する必要性を主張したことである。

二点目と関連して、中国海域においてヨーロッパ船が海賊被害に遭うようになっていたことについては、当時たびたび新聞を賑わせていたことも見逃せない。例えば、一八六五年十二月二十六日の『グラスゴー・ヘラルド（*Glasgow Herald*）』紙には、[45]次のような記事が掲載された。

ヘンリー・ダーリング号の乗客による証言は、香港からわずか五〇マイル沖で起きた事件についての詳細を語っている。

「我々は十月二十五日の朝、そよ風を身に受けて汕頭を発ち、午後には海へ出た。（中略）我々は、マカオの大きなロルチャ船が明らかに近づいてきており、いつでも容易にこちらに飛び乗ることができるほどであることに気が付いた。（中略）我々は、船長から、万一に備えてすべての武器を準備しておくように、という警告を受けた。私自身は、装填済みのリボルバー銃を携帯していた。午後八時、かのボートはより一層近づいてきていた（中略）。我々の船には、正甲板には二つの六ポンド砲、後甲板には二つの三ポンド砲が備えられ、マスケット銃は船倉から取り出してきてあり、銃剣は整備され、それらに加えてカトラス短剣も持っていた。かのボートは、我々の船尾にいつしか忍び寄り、彼らがロルチャ船上で話すことがはっきりと聞こえて来た。我々は彼らの意図をついに確信し、戦うか死ぬか、覚悟を決めねばならなかった。（中略）八時三十分、［ヘンリー・ダーリング号から］最初の砲火がなされ、かのボートは即座に応戦した。（中略）我々は、彼らが前《ぜん》檣《しょう》の上から悪臭弾を投げ込む用意をしているのを見た。彼らはすぐに、オールを漕いで船尾の下まで来て、悪臭弾を数多く投げ込んだ。男共はいまやこちらの船に飛び乗って来た。（中略）船室はすべて略奪しつくされ、米、ビスケット、鶏肉、牛肉、鴨肉、ロープ、そして我々の寝具さえも持ち去られていた。

（中略）ついに我々は、漁船と出会い、十月二十八日土曜日の夜に、危険に満ちた航海から、香港へと生還するに至ったのであった。」

このように、P&O社による要請文が出された背景には、こうした民間の船舶の被害が増加していたことが挙げられるのである。

そもそもP&O社は、海運覇権を確立するためのイギリスの国家的事業の一環として位置付けられていた重要な企業であり、「帝国主義の旗艦」と称されるように、[46]単なる民間海運企業と捉えることはできない。政府の補助金を受け、郵便輸送契約を結ぶことで通常の郵便汽船として機能したただけでなく、軍事的艤装を施し、セポイの反乱や極東における英露（クリミア）戦争[47]、第二次アヘン戦争などの際の陸海軍の兵員輸送業務も担った。このようにP&O社の船舶には、イギリス海軍力を補完する役割を果たす側面もあった[48]。

さらに、海運市場におけるP&O社のプレゼンスは非常に大きかった。一八五〇～六〇年代初頭の東洋航路におけるイギリス政府による郵便輸送契約が、P&O社による寡占状態にあったことに対し、議会で特別に組織された調査委員会（カニング委員会やジョスリン委員会）は他の民間蒸気船企業からの入札を誘致し、競争原理を導入する勧告を行った。しかし六八年の契約においては、競合相手と目されていたフランスの帝国郵船会社（Messageries Impériales）との競争も行われず、事実上P&O社による寡占状態が強化されるという事態が見られたのである[49]。

このように、イギリス海運業において重要な位置付けを占めていたP&O社からの情報提供を受けて、クラレンドンは海軍省宛てに公信を送った。彼の主張の要点は三つである。一つ目は、中国との貿易に利害を持つ欧米諸国に対し、海賊被害についての情報を提供しようと考えていること。二つ目は、イギリス海軍中国ステーションの司令長官に対し、海賊鎮圧のための尽力を惜しまないよう指示する訓令を海軍省から通達するように求めたこと。そして三つ目は、天津条約五三条に記載されたような海賊鎮圧を目的とするイギリスとの協力活動の義務を清朝当局に改めて思い起こさせるように、ブルースの後任の公使として北京に赴任したラザフォード・オルコック（Sir Rutherford Alcock）に求めたことである[50]。

この主張に対し海軍省は、世界の他の海域における海軍力増強についての差し迫った要求と、軍事費削減の圧力を同時に受けているため、中国海域における艦隊増強の費用を中国政府がすべて支払うか、他の欧米諸国との間で何らかの取り決めがなされればイギリス海軍の困難は劇的に減るだろう、と回答した。すなわち、イギリス海軍以外の関係各国に対して、費用負担を求める姿勢を見せたのである。これに対しクラレンドンは、イギリス海軍の任務に対して中国政府に費用を支払わせることはイギリスの品位と相容れないものであり、さらに中国の対外貿易額の八分の七はイギリスが占めているため、そうした状況ではフランスやアメリカが協力してくれる見込みも少なく、イギリスの貿易の安全を確保するには、やはりイギリス海軍が十分な戦力を用意しなくてはならないと返答した[51]。

しかし、こうした現実主義的な観察とは裏腹に、欧米諸国による協調の可能性を模索していたとされるクラレンドンは、[52]欧米各国に駐在するイギリス大使・公使を通じて、次のように各国海軍に協力を呼びかけた。

> イギリス政府が望んでいるのは、（中略）中国と関係を持つ諸外国に対し、そうしたすべての国の貿易を脅かす〔海賊という〕悪を鎮圧するための彼らによる対策を、イングランド〔原文ママ〕のものと統合させるように引き入れることである。それゆえ私は以下のことを各国の〔イギリス〕公使に指示した。すなわち、自らが派遣されている国の政府と情報を伝え合うこと、そして中国に駐在する各国の代表と中国沿岸を管轄する各国の海軍士官が、北京駐在のイギリス公使と共に、海賊鎮圧のための効率的な方策を講じるように中国政府に強く迫り、かつ当の目的を達成できる程度の各国海軍力を、イギリス海軍と提携させるように訓令を下すこと、である。[53]

確かにクラレンドンがこうした訓令を発した要因として、イギリス海運業に占めるP&O社のプレゼンスが大きかったことは間違いなかろう。しかし、P&O社のサザランドによる海賊鎮圧に対する要請文の内容を見ても、欧米海軍による「国際協力体制」に関する提案はなされていなかった。つまり、中国海域における海賊鎮圧を目的とした欧米海軍による「国際協力体制」の構築を、推進した主体が別に存在したということである。次章ではその主体としてクラレンドンに注目し、彼の政策意図に迫っていくが、まずは考察の前提として「国際協力体制」の実態を見ておこう。

三　「国際協力体制」の実態とその外交史的意義

（一）　欧米海軍による「国際協力体制」の実態

クラレンドンの呼びかけに応じ欧米各国は、海賊鎮圧を目的としてそれぞれの海軍を出動させることに賛意を表明した。具体的には、プロイセン、ロシア、オーストリア、オランダ、アメリカ、ポルトガル、フランス、デンマーク、スペイン、イタリアの計一〇カ国が賛同した。[54]しかし、海軍軍艦を出動させることに賛意を表明したことと実際に軍艦が派遣されたかどうかは、区別して考える必要がある。そこでまず、各国の海軍規模を比較した後、中国海域における協力作戦について、イギリス海軍の報告書の範囲で検討していく。

まず、欧米各国海軍ごとの排水量千トン以上の帆船と蒸気船の艦数の合計に基づき、全海軍の合計に占める各国海軍の軍艦数の割合を記した図2から、一八六〇年時点にお

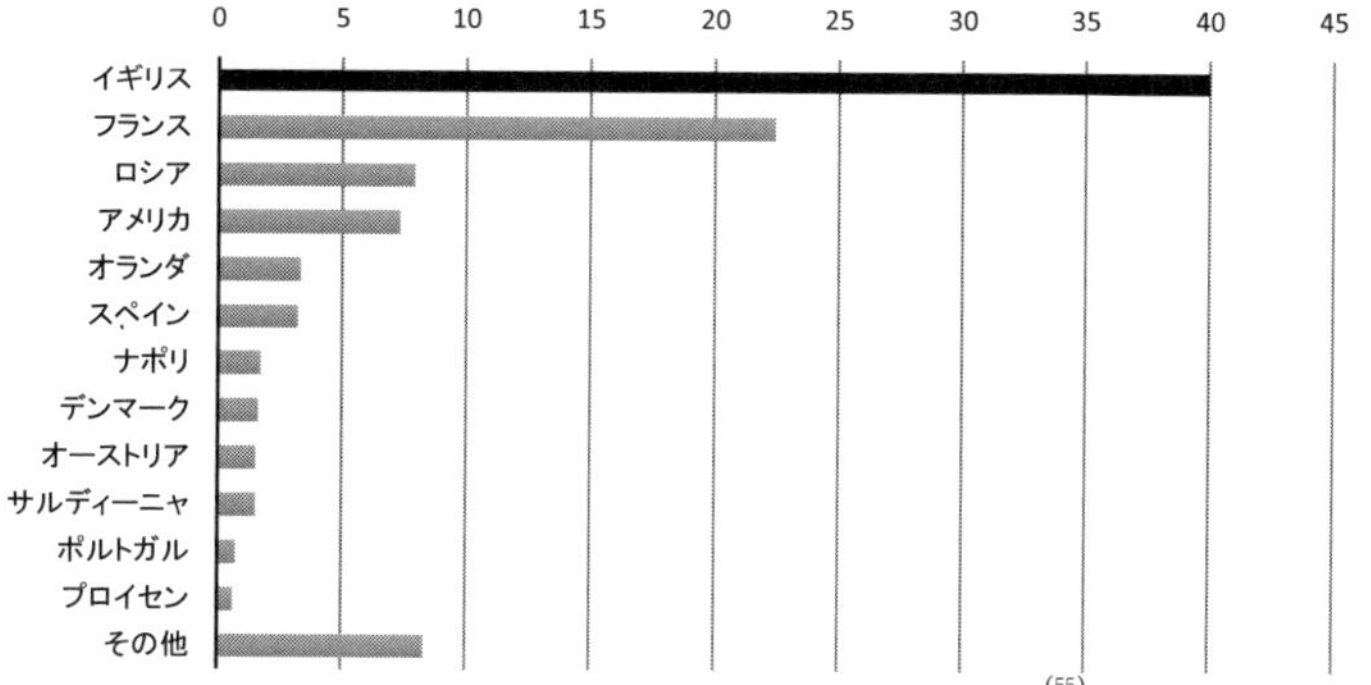

図２　1860年における各国海軍の艦数に基づく規模比較[55](単位：％)

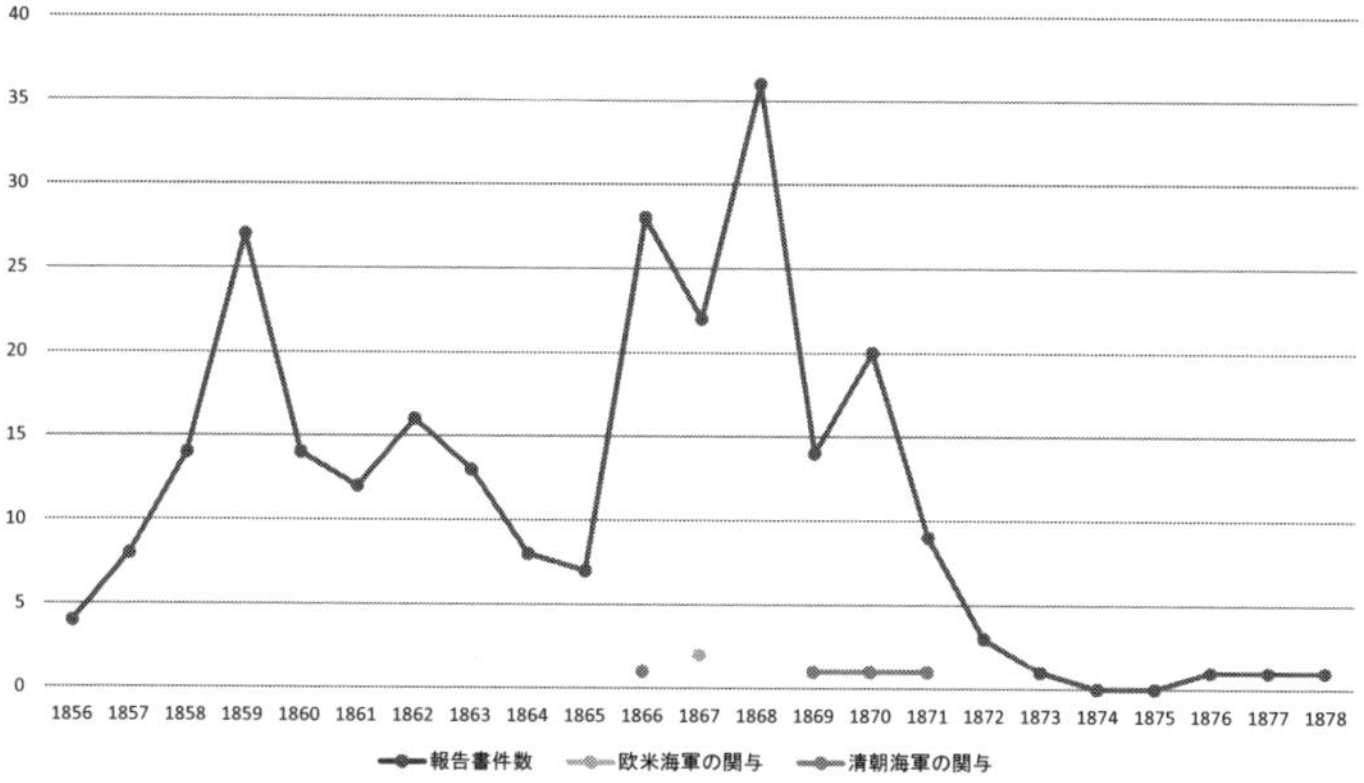

図３　ADM 125の海賊関連報告書全体における、海賊鎮圧に関する各国海軍任務の数(単位：件)

ける規模を比較しておこう。

図2の通り、イギリス海軍の規模が突出していることは明らかであり、[56]一八六六年のクラレンドンの呼びかけに対して賛意を表明した一〇カ国のすべてが、実際に中国海域に軍艦を派遣できるほどの海軍力を保持していたとは考えにくい。

さらに、中国海域におけるイギリス以外の欧米海軍の活動実績を把握するために、図3から検討する。これは、中国ステーション関連の公信を集成したADM125の一〜二三巻に付された索引項目に基づき、piracy あるいは pirates の語をタイトルに含む報告書の件数を集計したものである。図中の「欧米海軍の関与」は、イギリス以外の欧米海軍による海賊鎮圧任務に関連した報告書を、「清朝海軍の関与」は、英清協力任務および清朝海軍による単独任務の報告書双方を計上した。

図3の一八六七年において、「欧米海軍の関与」が二件計上されているが、これらは、それぞれオランダ艦による海賊鎮圧の単独任務の報告書、そしてプロイセン政府による海賊鎮圧の方針についての覚書である。[57]したがって、少なくともADM125の史料情報の範疇では、そもそも欧米海軍による

協力任務が遂行されていたとは言えない状況が読み取れる。[58]フォックスは、自身が分析したイギリス海軍省文書（ADM1、ADM13）の範疇では、海賊鎮圧に具体的な貢献をしたと記されているのはアメリカ艦だけであり、他の欧米諸国海軍との協力作戦についてはその計画を立てた情報が残されているだけで、その実態は詳らかにできないとした。[59]

以上まとめると、海賊鎮圧を目的とした欧米一〇カ国による海軍出動に関する賛意の表明は、軍艦の派遣による実効的な警備体制の創出につながったわけではなく、あくまで文面上の形式的なものにとどまったと言ってよい。では、こうした形式的な欧米海軍による国際協力関係の狙いは何であったのだろうか。

（二）　イギリスの狙い

欧米諸国との国際協力関係に対するクラレンドンにとっての狙いは、国際協力を呼びかけて間もない時期の、彼の政策意図にすでに現れていたと考えられる。そもそもクラレンドンは、前述の通り、清朝政府に対して天津条約五三条に則って海賊鎮圧に協力する義務があることを改めて思い起こさせる必要性を、海軍省への公信の中で主張していた。この主張は一貫しており、対清交渉に携わるオルコック宛ての公信の中でも、以下のように述べていた。

> （中略）私からの公信とともに貴君に届くのは、海賊行為の件で、様々な海洋国家の首都に駐在するイギリス公使に宛てた公信である。
>
> 貴君に対しては、すでに一月九日付の公信で、その件について中国政府に深刻な注意を促すように指示したが、現時点で付け加えることは何もない。
>
> しかし、この公信が届いて以降、その件について貴君が手にするであろう種々の文書は、中国政府に実情を理解させることを押し進めるのに役立つだろう。その際、提示すべきは、イギリス政府がそれ〔海賊鎮圧〕を重要だと考えていること、およびその〔海賊鎮圧に協力するという〕観点での条約上の取り決めを中国政府が遵守しなければならないこと、そしてさらには、彼らが害悪を鎮めることに熱心に協力する意向を見せなければ、すべての海洋国家から、対処するのが厄介な抗議や非難を受けるのが確実だろうということである[60]（後略）。

つまり、クラレンドンの意図したところは、欧米海軍による「国際協力体制」が整っているという事実を高圧的に清朝に示すことによって、海賊鎮圧に関する清朝側の対策を引き出しやすくしようとしたものであると考えられる。

フォックスは、欧米諸国の団結的な努力の結果、中国政府からの手助けを引き出すことに成功したと述べたが[61]、典拠を示しておらず、留保なしに根拠に乏しい推論を展開した。しかし、これまで検討してきたように、クラレンドンの意図そのものに着目すれば、彼には欧米海軍の「国際協力体制」に対し、対清交渉を有利に進める材料として機能させる狙いがあったと言えよう。

では、こうしたクラレンドンの意図は、実際の交渉の場面でどのように具体化されたのだろうか。残念ながらオルコックは、恭親王との交渉にあたってこうした欧米各国からの賛同表明が有益であったこと、あるいは賛同表明の存在が交渉の圧力になったことなどについて史料中ではコメントを全く残しておらず、そもそも文書の形で十分な情報が残っていない。すなわち、中国海域における海賊鎮圧に関する情報が記載された主な史料からはこうした情報を得ることはできず[62]、駐清イギリス公使から総理衙門へと送られた公信を集成した史料において、海賊の問題が面談の形で話し合われたとする記述がかろうじて残っているのみである[63]。ただし、こうした史料的制約は、クラレンドンの意図を覆すことにはならない。本国の外相から現地の公使に送られた訓令の内容が、そのまま遂行されたとは限らないからである。当時の電信インフラが未発達であったことから、現地の外交担当者の裁量が非常に大きかったことを想起されたい[64]。

しかしながら、このように交渉に関する情報は残っておらずとも、この海賊鎮圧関連交渉は、天津条約改正交渉の前段と位置付けることも可能であると思われる。というのも、時期に着目してみれば、欧米の軍事技術などを導入することによって中国の現状を改善することを提案した二つの文書、すなわち総税務司に昇格したハートによる一八六五年十一月六日付けの「局外旁観論」、漢文秘書官トマス・ウェイド（Thomas Wade）による六六年三月五日付けの「外国新議略論」と同時並行で海賊鎮圧関連交渉（クラレンドンからオルコック宛ての訓令は六六年一月付け）は進められていたからである。「局外旁観論」と「外国新議略論」は、締結から一〇年を迎える予定であった天津条約の改正交渉を円滑に進めるための予備的な交渉と位置付けられていた[65]。つまり、団結的な交渉圧力として欧米諸国の賛同表明を利用しようとした本国外相クラレンドンの思惑とは別に、オルコックは現場の文脈に適合させて海賊鎮圧関連交渉を展開したと考えてよいと思われる。

さて、次節では、東アジア国際関係における海賊鎮圧の外交史的意義を捉えるために、イギリスの意図からは離れて、関係各国にとってどのような意味を持ったのかについて検討していこう。

（三）　利益追求の口実としての対英協力

クラレンドンの訓令を受けたオルコックが、恭親王との間で協議を行い、天津条約改正のための予備的な交渉として海賊鎮圧について対策を講じるよう働きかけた結果、一八六六年四月十二日付けの恭親王からの返答は、以下のようなものであった。

> 清朝政府の関心は、公海[66]における海賊行為と、開港場における密輸に向けられてきております。（中略）これらを解決するには、蒸気船の使用が不可欠でありますが、清朝政府は即座に買い入れることはできないのであります。（中略）したがって、我々に求められている〔貿易の保護などの〕事業を遂行するためには、船籍にかかわらず蒸気船を借り入れることが望ましいように思えるのです[67]。

オルコックは、自らの交渉の成果について、クラレンドンに宛てて以下のように報告した。

> 中国の公式な文書からご理解いただけることは、かの殿下〔恭親王〕が、我々の海軍と協力するために必要となる蒸気船であれば、どんなものでも借り入れる責任が中国政府に存するということに同意したことであります（中略）。
> 　こうした同意は、海賊行為を鎮圧し、自国の海域を自ら警備するという、中国当局の責任で行われる活動が、より体系的に行われ始めることを示しているように思われるのです[68]。

つまり、海賊鎮圧という英清両国に共通の懸案事項に対し、清朝側が欧米式の蒸気船を借り入れることによって、自国の海域を警備する体制を整える意思を見せた、ということになろう。

このように、清朝当局が中国海域における秩序維持活動を自ら行えるようになれば、イギリス海軍としては軍備削減の可能性が生じるため、オルコックの交渉は成功裡に終わったと言える。ただし、前章の内容を踏まえれば、こうした交渉の裏には、欧米の軍事技術を導入し、清朝の軍事力強化を図る恭親王の思惑が存在していたのである。

一方で、国際協力関係を利用しようとしたイギリス以外の欧米各国の動きも見逃すことができない。アメリカの例を見てみよう。「国際協力体制」に賛同を表明した後の一八六六年五月、アメリカ海軍司令長官ベル（Henry H. Bell）

は、香港への停泊権と倉庫の使用権を月二〇〇ドルで購入した。イギリスの植民地であった香港は、中国沿岸の全開港場を束ねる通信の中心地であったため、報告書や手紙の集積地として、すでにペリー（Matthew C. Perry）提督の時期にもアメリカ海軍は、イギリスから香港インフラの利用権を賃借りしていた[69]。つまり、インフラが整備された香港に仮の拠点を置くべく、「国際協力体制」を利用したという側面を見出せるが、こうした思惑はアメリカ海軍だけに限ったことではないと考えられる。例えばフランス海軍は、イギリスやスペイン、ポルトガルのように、アジアにおいて良好な寄港地を植民地として有していなかったため、貿易の拠点と軍事的な補給基地の両面で必要不可欠であった寄港地を獲得することを重視していた[70]。

またプロイセンについては、クラレンドンの呼びかけに対し、ビスマルクから迅速に賛意が表明されたが[71]、当時のプロイセン海軍は、自国の沿岸および港の防衛に主眼を置いたものであり、とても中国海域に軍艦を派遣できるような状況にはなかった。そのことは、一八六七年、プロイセンの海相が、海軍力の補強を図るためにアメリカに接近し、五四年に締結されたパリ条約で禁じられた私掠行為の制度的復活を企図し、公式の海軍力を補完する戦力として改めて用いようとしていたことからも明らかである[72]。したがって、ビスマルクがクラレンドンの呼びかけに賛意を表明したのは、あくまで外交的ポーズであっただろう。こうした外交的ポーズは、他にもオーストリアなどのように、当時、東アジア海域に軍艦を派遣するほどの海軍力を有しておらず、そもそも在外権益が少なく、イギリスに利益代表や領事業務を委託していた国が[73]、形式だけでも賛意を表明し、対中貿易のチャネルを確保しやすくした側面もあったと考えられる。

このように、中国海域における海賊行為は、関係各国に共通の関心事として位置付けられたことによって、その鎮圧を目的として構築された「国際協力体制」は、各国の利益追求につながる口実としての戦略的協力関係の総体であったと捉えることができよう。

結び

本稿の分析に基づけば、中国海域の海賊鎮圧を目的とした「国際協力体制」とは、関係各国の外交戦略あるいは国内改革の口実として機能した戦略的な協力関係の総体であった、とまとめることができる。すなわち、欧米各国にとっては主に香港のインフラ利用、イギリス本国外相にとっては海軍の負担減少を目的とする対清交渉上の圧力、駐清イギリス公使にとっては条約改正のための予備的な交渉、清朝にとっては海軍力の増強といった成果を引き出すために、中国海域の海賊行為が口実として利用されたと評価できる。

このように、協力関係の背後にあった現実主義的な外交の様相を捉えることは、一八七〇年代以降の欧米各国による対清政策の性質を考察することにつながるだろう。六〇年代以降、ヨーロッパにおいて外交のバランサーたり得なかったとされるイギリスが(74)、かたや東アジアにおいては欧米諸国を積極的にリードする立場にあったのか、あるいはそうした立場に立たせられていただけなのかについては、結論を出すのは早計である。

ただ、こうした点に関連して、欧米海軍の個別的な政策目標の背後にあった欧米各国の外交戦略や、清朝国内政治における中央と地方の緊張関係などの詳細な分析については、筆者の力の及ぶ範囲でないことを断っておかねばならない。

今後の展望としてはむしろ、イギリスの東アジア政策決定に携わる様々な主体が欧米諸国との協調関係をどのように利用しようとしていたのかについて、イギリス国内政治や欧米外交との関連の中で捉えていきたいと考えている。

註

（1） Gerald S. Graham, *The China Station: War and Diplomacy 1830–1860* (Oxford: Clarendon Press, 1978), pp. 276-78. 横井勝彦『アジアの海の大英帝国——一九世紀海洋支配の構図——』（同文館、一九八八年）ii—iv頁。

（2） Grace Fox, *British Admirals and Chinese Pirates, 1832–1869* (London: Kegan Paul, Trench, Trubner & Co. Ltd., 1940).

（3） 例えば、本論で直接言及するもの以外では、John Rawlinson, *China's Struggle for Naval Development, 1839–1895* (Cambridge: Harvard University Press, 1967); Graham, *The China Station*; Bruce A. Elleman, "The Taiping Rebellion, Piracy, and the Arrow War," in Bruce A. Elleman, Andrew Forbes and David Rosenberg, eds., *Piracy and Maritime Crime: Historical and Modern Case Studies* (Newport: Naval War College Press, 2010), pp. 51-64. 坂野正高『近代中国政治外交史——ヴァスコ・ダ・ガマから五四運動まで——』（岩波書店、一九七三年）、松浦章『中国の海賊』（東方書店、一九九五年）など。

（4） Fox, *British Admirals*, p. 171.

（5） 横井『アジアの海の大英帝国』一五八—六一頁。一八六〇年代のイギリス海軍は再編期にあり、本国の緊縮財政政策の下で軍事費削減要請を受けつつ、旧式木造艦から新型装甲艦への移行を進める必要に迫られていた。イギリス海軍の海外ステーション（燃料補給や船舶修理をするための拠点）の中でも重視されていた中国・日本ステーションでは、六九年には海相チルダースの改革によって配備艦数および人員が削減された。こうした東アジア海域の戦力配備の減少を可能にした理由が、中国海域の海賊鎮圧を目的とする「国際協力体制」の構築であったと横井は述べた。ただ、この訳語のように体系的な制度と言えるほど海賊鎮圧が組織的に行われていたかどうかについても、行論で明らかになるだろう。チルダース改革については以下も参照。John F. Beeler, *British Naval Policy in the Gladstone-Disraeli Era, 1866–1880* (Stanford, Calif.: Stanford University Press, 1997).

（6）村上衛『海の近代中国――福建人の活動とイギリス・清朝――』（名古屋大学出版会、二〇一三年）一三六―八一頁。しかし村上は、海賊鎮圧のための「国際協力体制」に言及していない。

（7）Fox, *British Admirals*, p. 175.

（8）*Ibid.*, p. 191.

（9）Mary Wright, *The Last Stand of Chinese Conservatism: The T'ung-chih Restoration, 1862–1874* (Stanford, Calif.: Stanford University Press, 1957).

（10）青山治世「『冊封・朝貢』体制をいかに再考するか」（『東アジア近代史』第二〇号、二〇一六年六月）一―一一頁。

（11）坂野『近代中国政治外交史』二七五頁。

（12）Great Britain, Admiralty: China Station: Correspondence, ADM 125, The National Archives, London (hereafter cited as TNA).

（13）日本では横浜開港資料館にて複製本が閲覧可能である。

（14）中国人海賊の時代的推移の叙述については、中国海事史の研究成果に譲りたい（松浦『中国の海賊』など）。一八世紀末から一九世紀初頭における大規模な嘉慶海寇の乱などについては、Dian H. Murray, *Pirates of the South China Coast 1790–1810* (Stanford, Calif.: Stanford University Press, 1987); Robert J. Antony, *Like Froth Floating on the Sea: The World of Pirates and Seafarers in Late Imperial South China* (Berkeley: Institute of East Asian Studies, University of California, 2003) などを参照。

（15）村上『海の近代中国』一三八―四〇頁。

（16）同右、一四二―六一頁。

（17）Fox, *British Admirals*, p. 126.

（18）*Treaties between Her Majesty and the Emperor of China, 1861*, in *Irish University Press Area Studies Series, British Parliamentary Papers* (Shannon: Irish University Press, 1971. hereafter cited as *BPP*), *China 34*, pp. 441-50.

（19）清朝による自国海域の認識は、ヨーロッパの海洋法に基づく認識とは齟齬があった。この齟齬は、一八六四年、デンマークのシュレースヴィヒとホルシュタイン地方の帰属をめぐる対立を背景にプロイセン船がデンマーク船を中国の大沽近くで拿捕したことに対し、清朝外交当局である総理各国事務衙門が抗議した事例に見て取れる〔吉澤誠一郎『清朝と近代世界――一九世紀――』（岩波書店、二〇一〇年）一〇四―〇五頁〕。

（20）Elleman, "The Taiping Rebellion," p. 62.

（21）Fox, *British Admirals*, p. 145.

（22）和平派は、欧米各国の軍事的優位を認識し、円滑な対外関係を重視する政策を採用した現実主義的な政治勢力であり、咸豊帝の死後、強硬な対外政策を旨とする主戦派を北京クーデターで失脚させた。中でも恭親王は総理衙門の首班であると同時に議政王と軍機大臣を兼務し、外政および内政の実権を掌握する立場にあった〔井上裕正「レイ・オズボーン艦隊事件の外交史的意義について」（『東洋史研究』第三四巻第二号、一九七五年九月）一六五―一六六頁〕。

（23） Fox, *British Admirals*, pp. 146-49.

（24） Rawlinson, *China's Struggle*, p. 30.

（25） 細谷雄一「黄昏のパクス・ブリタニカ――後期ヴィクトリア時代の外交と海軍――」（田所昌幸編著『ロイヤル・ネイヴィーとパクス・ブリタニカ』有斐閣、二〇〇六年）一四八―四九頁。

（26） 坂野『近代中国政治外交史』二五五―五八頁。

（27） Elleman, "The Taiping Rebellion," pp. 60-61.

（28） 恭親王の外交方針は、総理衙門設立を主張した上奏文によく表れている〔「奕訢桂良文祥奏統計全局酌擬章程六條呈覧請議遵行摺」（中華書局編『籌辦夷務始末（咸豊朝）』巻七一、中華書局、一九七九年）二六七四―二六七五頁〕。日本語訳は以下を参照。「総理衙門の設立など六項目を建議する奏摺」（小島晋治・並木頼寿編『近代中国研究案内』岩波書店、一九九三年）二七一頁。

（29） 総税務司は、一八五四年以来上海において中国の税関（海関）の徴税任務を請け負っていた外人税務司を統轄する役職で、六一年に設立された総理衙門に直属する清朝官僚として位置付けられた。したがって、総税務司を務めていたのがイギリス人であっても、その職務内容は清朝の政治機構に大きく規定されていた〔岡本隆司『近代中国と海関』（名古屋大学出版会、一九九九年）二八―二九頁〕。

（30） 井上「レイ・オズボーン艦隊事件の外交史的意義について」一六七―六八頁。

（31） Bruce to Staveley, 24th October 1862, enclosed in Bruce to Russell, 25th November 1862, *Further Papers Relating to the Rebellion in China*, 1863, in *BPP, China 32*, p. 520.

（32） 井上「レイ・オズボーン艦隊事件の外交史的意義について」一六八―七〇頁。

（33） 同右、一七一頁。

（34） 田中宏巳「一九世紀後半における清国海軍の消長（一）――近代化政策下の海軍建設――」（『防衛大学校紀要 人文科学分冊』第六三号、一九九一年九月）五―六頁。

（35） 同右、六―七頁。

（36） 村上衛「近代中国沿海世界とイギリス――海賊、海難と密貿易――」（金澤周作編『海のイギリス史』昭和堂、二〇一三年）二九二―三〇五頁。ただし、中国国内でも、アヘン戦争の敗北などを受けて、海軍建設や欧米の軍事技術に関するノウハウを取り込む必要性が叫ばれることはあった。アヘン禁輸担当の欽差大臣であった林則徐などがその一例である（Rawlinson, *China's Struggle*, pp. 19-40）。

（37） 村上『海の近代中国』一七九頁。

（38） この図は地域や報告書の発行機関など性質の異なる数値を同一グラフ内で表現しているが、そもそも海賊被害の規模を統一的な尺度で通時的に示すことは困難で、かつそれは中国海事史の分析領域であり、本稿の範疇を超えると思われる。あくまで一八六〇年代における海賊被害の相対的な規模を参考程度に示すものとして提示する。

（39） ADM 125/4, Superintendent of Police to Colonial Secretary, Return of number of piracies between 1849-1858, 30th April 1859, TNA より作成。

(40) ADM 125/96, TNAより、Special Report of Piracyと題された一五〇件強の報告書を基に作成。

(41) これについてフォックスは、一八六四年頃には海賊被害の報告が多く海軍省に寄せられただけでなく、より多くの被害例が報告から漏れていたとしたが、これについても論拠となる数値や記述を示していない（Fox, *British Admirals*, p. 154）。

(42) 豊岡康史『海賊からみた清朝――一八～一九世紀の南シナ海――』（藤原書店、二〇一六年）四三頁。

(43) フォックスはこのP&O社による要請文を見つけることができなかった(Fox, *British Admirals*, p. 164, footnote 1)。

(44) Ian Nish, ed., *Asia, 1860–1914*, Vol. 19: *Lord Elgin's Missions, Taiping Rebellion and Proposed Naval Force for China, 1858–1865*, in Kenneth Bourne and Donald C. Watt, general eds., *British Documents on Foreign Affairs: Reports and Papers from the Foreign Office Confidential Print*, Part 1: *From the Mid-Nineteenth Century to the First World War*, Series E (Bethesda, Md.: University Publications of America, 1994), pp. 255-57.

(45) *Glasgow Herald*, Tuesday, 26th December, 1865; Issue 8103, Among Chinese Pirates (from the China Overland Mail), in *British Newspapers 1600–1950*〈http://gdc.gale.com/products/19th-century-british-library-newspapers-part-i-and-part-ii/〉(accessed in 24th May 2017). また、一八六五年九～十月における海賊被害報告は以下に収録されている。Great Britain, Foreign Office: Political and other Departments: General Correspondence before 1906, China, FO 17/802, Police Department to the Acting Colonial Secretary, Special Report of Piracy, TNA.

(46) Freda Harcourt, *Flagships of Imperialism: The P&O Company and the Politics of Empire from its Origins to 1867* (Manchester: Manchester University Press, 2006).

(47) 近年、クリミア戦争を一九世紀半ばにおけるユーラシア大陸の各地で顕在化した英露対立の一局面として捉える必要性が説かれている〔小風尚樹「一九世紀中葉イギリスの東アジア戦略における日本の位置づけ――イギリス海軍司令長官スターリングの北東アジア観と函館港――」(『クリオ』第二九号、二〇一五年五月)四四―五八頁〕。

(48) 横井『アジアの海の大英帝国』三七―四〇頁。しかし、イギリス海軍の予備的な戦力としてのP&O社の側面は、一八六〇年を境に見直されることとなった。すなわち、P&O社とイギリス政府との間で締結された四五年の郵便輸送契約では、海軍省の管轄の下、船体に大砲搭載を可能とする規定が存在していたが、六〇年に郵便輸送契約の管轄が郵政省に移行した後、六八年契約では大砲搭載に関する規定自体が削除されたのである。これは、船体に大砲搭載を許可しないことで、船体の小型化を図り、輸送コストを削減し、戦時における予備戦力としての郵船利用の可能性を排除しようとするものであった〔後藤伸『イギリス郵船企業P&Oの経営史――一八四〇―一九一四――』（勁草書房、二〇〇一年）一一三―一一八頁〕。

(49) 同右、一七一―九七頁。

(50) ADM 1/5991, F. O. to Admiralty, 9th January 1866, TNA.

(51) Fox, *British Admirals*, pp. 166-67.

(52) フォックスは、クラレンドンの国際観について典拠を示さずに提示した。確かに背景として、ヨーロッパ協調を模索するクラレンドンの国際観が関係していたとも思われる。クラレンドンは特に、軍備拡張を進めてヨーロッパ国際政治の舞台で頭角を現すビスマルクに宛てて、軍縮を呼びかける私信を頻繁に送っていた。結局普墺戦争・普仏戦争を阻止することはできなかったが、ヨーロッパの協調を模索する姿勢は様々な研究文献および史料に現れている。Sir Herbert Maxwell, *The Life and Letters of George William Frederick, Fourth Earl of Clarendon, K. G., G. C. B.*, Vol. 2 (London: Edward Arnold, 1913), pp. 294-310, 366; Maureen M. Robson, "Lord Clarendon and the Cretan Question, 1868-9," *The Historical Journal,* 3-1 (March 1960), pp. 38-55; Harold Temperley and Lillian M. Penson, *Foundations of British Foreign Policy: From Pitt (1792) to Salisbury (1902)* (London: Frank Cass, 1966), pp. 318-23; David Steele, "Villiers, George William Frederick, Fourth Earl of Clarendon (1800-1870)," *Oxford Dictionary of National Biography* (Oxford: Oxford University Press, 2004), online edition, May 2009 〈http://www.oxforddnb.com/view/article/28297〉 (accessed 21st January 2017); Clarendon Papers, MSS. Clar. dep. c. 145, Out-Letters, Germany and Austria, 1865-66, Bodleain Library (Oxford: University of Oxford). ただし、ヨーロッパにおけるクラレンドンの国際観と東アジア政策の関係については、稿を改めて論じたい。

(53) ADM 1/5991, Clarendon to Bruce, 22nd January 1866, TNA.

(54) Fox, *British Admirals*, pp. 169-71.

(55) Jan Glete, *Navies and Nations: Warships, Navies, and State Building in Europe and America, 1500–1860* (Stockholm: Almqvist & Wiksell International, 1993), p. 466, Table 24:18, Total size of sail- and steamship navies 1815-1860. Relative size in per cent of total size より、一八六〇年時点の数値から、中国海域における「国際協力体制」に賛意を表明した海軍に関連するものを抜粋して作成。

(56) 実際に中国海域に配備されていたイギリス軍艦の大半は、集計されていない排水量二〇〇トン級の吃水の浅い小型艦であったため、図の割合以上に中国海域におけるイギリス海軍のプレゼンスは大きかったと思われる(横井『アジアの海の大英帝国』一五八—一五九頁)。

(57) 索引項目中の一八六七年における欧米海軍任務関連報告書のタイトルは、"Relative to the suppression of Piracy by Prussian Government"; "Proceedings of H. N. M. [His Netherland Majesty's] Ship Watergens in suppressing" である(ADM 125/11, 12, TNA)。

(58) しかし、東アジア海域を管轄する欧米各国海軍には、海図の貸与などの情報共有や、他国の国民の休日を祝福する慣習があり、平時における公私含めた交流が互いの任務を円滑に進めるための素地であったことが明らかにされている〔Cindy McCreery, "Neighbourly Relations: Nineteenth-Century Western Navies' Interactions in the Asia-Pacific Region," in Robert Aldrich and Kirsten McKenzie, eds., *The Routledge History of Western Empires* (London: Routledge, 2013), pp. 194-207; 大井知範『世界とつながるハプスブルク帝国——海軍・科学・植民地主義の連動——』(彩流社、二〇一六年）一八四—八七頁〕。

（59） Fox, *British Admirals*, p. 175.

（60） ADM 1/5991, Clarendon to Alcock, 24th January 1866, TNA.

（61） Fox, *British Admirals*, p. 171.

（62） ここでの主な史料としては、ADM 1/5991, ADM 125/10, FO 17/802 などが該当する。

（63） 「大清欽命総理各国事務和碩恭親王、一千八百六十六年四月二十一日、丙寅年三月初七日」FO 230/80, pp. 26-27, TNA.

（64） Grace Fox, *Britain and Japan, 1858–1883* (Oxford: Clarendon Press, 1969), pp. 130-41; ダニエル・R・ヘッドリク『進歩の触手——帝国主義時代の技術移転——』原田勝正・多田博一・老川慶喜・濱文章訳（日本経済評論社、二〇〇五年）九九頁。

（65） 坂野正高『近代中国外交史研究』（東京大学出版会、一九七〇年）二二六—二三一頁、中華書局編輯部・李書源整理『籌辦夷務始末（同治朝）』巻四〇（中華書局、二〇〇八年）一六六三—一六八四頁。

（66） 英文史料中には "on the high seas" とあるが、註（19）で述べたように領海や公海の範囲についての認識は英清間で異なっていた。恭親王からの中国語原文を確認するのが望ましいが、イギリス側に送られた公文書は英語に翻訳されたものしか残っていないので、この「公海」という表現に関する互いの認識には齟齬があったはずであると指摘するにとどめる。

（67） ADM 1/5991, English Translation of Chinese text from Prince of Kung to Alcock, 12th April 1866, enclosure in F. O. to the Secretary of Admiralty, 24th July 1866, TNA.

（68） FO 17/802, Alcock to Clarendon, 8th May 1866, TNA.

（69） Robert E. Johnson, *Far China Station: The U. S. Navy in Asian Waters 1800–1898* (Annapolis: Naval Institute Press, 1979), pp. 60-61, 124-126. また一八五〇年代には、イギリス海軍のスターリング司令長官（Rear-Admiral, Sir James Stirling）の指揮の下、アメリカ海軍が海賊鎮圧のための共同作戦を行ったことも（Fox, *British Admirals*, pp. 125-26; Graham, *The China Station*, pp. 278-79）、香港の利用権を考慮に入れれば、一八六六年にアメリカ海軍がイギリスの呼びかけた「国際協力体制」に賛同した状況と共通していたと言える。

（70） 宮下雄一郎「フランス海軍とパクス・ブリタニカ」（田所編『ロイヤル・ネイヴィーとパクス・ブリタニカ』）一九一頁。

（71） ADM 1/5991, Lockwood to Clarendon, 27th January 1866, TNA.

（72） 飯田洋介「一八六〇年代後半のビスマルク外交とアメリカ合衆国」（大内宏一編著『ヨーロッパ史のなかの思想』彩流社、二〇一六年）一一一—一三六頁。

（73） 大井『世界とつながるハプスブルク帝国』第六章の註(21)、五九—六〇頁。

（74） 君塚直隆「パクス・ブリタニカの転換期——一八六〇年代のイギリス外交とパーマストン卿——」（『国際政治』第一一一号、一九九六年二月）一六四—七八頁。

※本研究は、ＪＳＰＳ特別研究員奨励費 17J06536 の助成を受けたものである。

（東京大学大学院生）

研究ノート

満洲帝国の防衛法について

――「防衛」実施に関する規定を中心に――

阿部　寛

はじめに

かつて兄弟国と言われた満洲帝国に関する研究は盛んになっていると言われて久しい。しかし、同国の法制史研究は未だ進んでいるとは言い難い。今回のテーマである防衛法についても、その母法となった大日本帝国憲法（以下、「帝国憲法」）の非常大権、戒厳令（明治十五年太政官布告第三十六号）[1]、防空法（昭和十二年法律第四十七号）[2]については研究の蓄積は存在するが、その影響を受けているはずの満洲帝国の非常大権及び防衛法についてのまとまった研究は管見の限り存在しない[3]。

そこで、まず、今回はこの防衛法のうち、「防衛」実施規定を中心に考察を加えたいと考え本稿とした。

一　本稿に関係する先行研究

満洲帝国の防衛法に関して、戦後の文献には、直接的に取り上げているものは管見の限りない。但し、防衛の実施、準備及び訓練を行うにあたっての関東軍と満洲国軍の関係について、防衛庁の『戦史叢書27　関東軍(1)』に、防衛法第二十九条及び第三十条を受けて、関東軍の満洲国軍に対する区処権を定めた「同盟国軍憲トノ権限調整ニ関スル件」（康徳五年軍令第二号）について記述がある[4]。但し、この記述のなかには、防衛法と同日（康徳五年三月十日）に公布されたはずの「同盟国軍憲トノ権限調整ニ関スル件」につき、康徳皇帝即位直後に示達されたとの誤った記述があるので注意しなければならない。

なお、満洲帝国が存在していたときの研究として、日高巳雄[5]は、『戒厳令解説』において、日本の戒厳令と比較すべき立法例として、仏、独[6]、満、ソ[7]、伊、英、米、波、蘭、土[8]、伯の各国の憲法規定や立法を挙げていて、そのなかで、仏、独、ソの三国の戒厳に関する法規と並んで満洲帝国防衛法の詳細について紹介している。

また、同時期に、尾上幸雄が、満洲帝国基本法の概説書である『満洲国基本法大綱』のなかで防衛法につき紹介している[9]。

ところで、満洲帝国の基本法は、主として帝位の継承資格等を定めた「帝位継承法」(康徳四〈昭和十二〉年制定)、政府の統治機構を定めた「組織法」(康徳元〈昭和九〉年制定)及び人民の権利義務を定めた「人権保障法」(大同元〈昭和七〉年教令第二号)で構成されていたところ、人権保障法前文の「戦時又ハ非常事変」という文言について、その意味は、必ずしも明らかになっていない。しかし、康徳五(昭和十三、西暦一九三八)年三月十日に公布された防衛法(康徳五年勅令第二十号[10])は、防衛実施の要件に、「戦時又ハ事変若クハ非常事態ニ際シ」(第一条)と規定されているので、両者は密接な関係を有すると考えられる。この防衛法における防衛は、後述のとおり、日本内地での戒厳、防空及び戦時警備の三つを織り込んであるとされる[11]。そこで、本稿においては、人権保障法前文の意義をあきらかにした上で、防衛法の内容に付き考察したいと考える。

二　人権保障法

人権保障法は、康徳皇帝の執政就任直後に制定された満洲帝国の人民に対する権利義務を定めたものである。帝国憲法の第二章の規定に相当するものであった。人権保障法の前文は、帝国憲法第三十一条の規定に対応するもので、「戦時又ハ非常事変ノ際ヲ除ク」とは、満洲帝国において非常大権を発動するときのことを指すものであって、このことについては、当時の各学説に争いはなかった[12]。この点、山室信一[13]は、人権保障法前文の「満洲帝国ノ統治ヲ行フ皇帝ハ戦時又ハ非常事変ノ場合」との規定について満洲帝国の一三年半は終始まさしくこの状態にあたっていたとみなせると述べている。この評価は、人権保障法前文の本来の意義を誤解しているように思える。確かに、満洲帝国は建国から崩壊まで、治安粛正工作が実施され、ときには戦闘行為に及んでいるが、これを以て非常大権が実施されたと看做し得るというのは言い過ぎであると考える。なぜなら、治安粛正工作は、治安維持法(康徳八〈昭和十六〉年勅令第三〇七号）[14]等の制定法に基づいて行われたものであり、非常大権に依拠して行われたわけではないからである。

満洲帝国の組織法又は防衛法上に「戒厳」の字句は存在しないが、防衛法上の防衛中第二条第一号に係るものは、「戒厳」に相当する。この非常大権に防衛法による防衛の実施を含むかは別問題であって、後述のように当時対立する論点ではあったが、満洲帝国の基本法は、日本法の影響を受けているので、大日本帝国憲法の非常大権に戒厳大権等を含めるとすれば、満洲帝国における非常大権の内容は、防衛法による防衛を実施することにあると考えることができるはずである。なお、この場合、防衛の準備、実施の場合を除くことに注意しなければならない。

防衛法に基づく防衛が発令されたのは、満洲帝国史上、ノモンハン事件とソ連の対日参戦のときのみである。

では、まず、満洲帝国における非常大権及び防衛法がどのようなものであったかについて、両者の関係を明らかにしたい。

三　非常大権と防衛法について

（一）　非常大権と戒厳（大権）の関係

(ア)　日本における非常大権と戒厳大権

非常大権の内容と防衛法との関係について論ずる前提として、日本での、非常大権（帝国憲法第三十一条）と戒厳大権（同第十四条）の関係をめぐる学説の対立について触れなければならない。

大石義雄によれば、非常の場合に行使される大権を緊急命令大権（帝国憲法第八条第一項、第七十条第一項）、戒厳大権（同第十四条）及び狭義における非常大権（同第三十一条）の三種類があったと説明する。[15]もっとも、緊急命令大権については、帝国議会において事後に承認を得るのであるから、本稿で扱うべき性質ではないと考え、非常大権と戒厳大権の二分法にて論ずる。ここで、戒厳大権とは、帝国憲法第十四条の戒厳を宣告するという大権であり、非常大権とは、帝国憲法第三十一条により戦時又は国家事変の場合において同憲法第二章の臣民の権利・義務の規定にかかわらず適当の処置をし得る大権と定義される。[16]

非常大権と戒厳大権の関係については、以下の二説に分かれていたとされる。

・戒厳大権と狭義の非常大権は別個であるとする説[17]
・非常大権は主として戒厳の場合を意味しているとする説[18]

このように、両者の対立があるが、前者が終戦前にあっては通説という評価であったようだ[19]。後者の学説を採る清水澄らへの批判は「帝国憲法が第十四条に於て戒厳大権を認め第三十一条に於て又別に狭義に於ける非常大権を認めたことの意義を殆ど失はしめること」になるという点であった[20]。

藤田雄嗣は、非常大権と戒厳大権の規定の関係について、プロシア王国憲法第百十一条「戦時又は事変に際し、公共の安全に関して急迫した危険があるときは、憲法第五条、第六条、第七条、第二十七条、第二十九条、第三十条及び第三十六条をその時期及び地域を限り停止することができる。その細則は、法律で定める」。及びドイツ帝国憲法第六十八条「皇帝は、連邦領土内における公共の安全を害する虞あるときは、その地方につき、戒厳を宣告することができる。戒厳の要件、公布の形式及び効力を定める帝国法律の発布にいたるまでは、一八五一年六月四日のプロイセン合囲状態法を適用する。」の規定に倣ったはずが、両者の関係が「正当に理解されなかったため、重複した結果を招いた」と指摘している[21]。

もっとも、起草過程の事情と憲法の規定が施行されたのちに行われる解釈は別の次元であるべきである。しかし、帝国憲法第三十一条による非常大権の発動についての要件が規定された立法がなされたことはなかったし、帝国憲法第十四条による戒厳大権の発動は、戒厳令（明治十五年太政官布告第三十六号）の規定によるとされていた。そして、帝国憲法第三十一条に基づく、非常大権の行使の実例は存在せず、帝国憲法第十四条及び戒厳令の規定に基づく戒厳大権の発動や戒厳令の一部を適用した所謂行政戒厳の発動について、前例[22]が存在するにすぎなかった。

このような意見の相違の下では、日本における狭義の非常大権と戒厳大権の違いについての議論は、実態を伴っていなかったとも言うことができると考える。

(イ)　満洲帝国における非常大権と防衛法による防衛の関係

満洲帝国の「組織法」（康徳元年制定）には、戒厳に関する明文の規定がなかった。また、帝制実施前の政府組織法（大同元年教令第一号）にも規定がなかった。満洲帝国における戒厳に相当する制度は、防衛法によって明文化されたものである。しかし、前述の日本における非常大権と戒厳大権の関係についての議論は、当然、満洲帝国にも影響を与えているように思える。非常大権の定義を、戦時若しくは非常事変の場合に皇帝の大権による人権制限を認めたものとする点で争いはないものの、次の二説に分かれていた。

・非常大権の内容を定めたものが防衛法による防衛であるとする説。
・非常大権を防衛法による防衛の根拠としない説。

手島庸義及び高橋貞三は、人権保障法の前文が非常大権についての規定であるとした上で、防衛法における防衛とは別個のものであるとの考えを提示している[23]。これに対し、尾上幸雄は、「(人権保障法前文の)非常大権の発動せられる場合は、『戦時若ハ非常事変ノ場合』である。非常大権の発動を規定している現行法規は防衛法である[24]。」としている。

このような状況ではあるが、結局は、満洲帝国においても、法律の留保による人権の制限、すなわち、防衛法やその他の法律（法律と同等の扱いを受ける「教令」及び「法律に代わるべき組織法第四十二条（康徳四年六月五日組織法改正後は、第三十七条、康徳七（昭和十五）年七月十五日組織法改正後は、第三十九条）に基づく勅令」）に基づかない人権の制限が皇帝の大権によって実施されたことはなかった。また、満洲帝国における究極の非常時であるソ連の対日参戦の際も、防衛法による全満防衛令を実施したことによって対処したことに鑑み、前述した日本と同様に、実質的には、満洲帝国における非常大権の発動は、防衛法による防衛（防衛法第二条第一号「兵備ヲ以テスル警戒」）の実施であると考えることができる。

よって、非常大権と防衛法の関係については、上記のうち、尾上幸雄の説が首肯できると考える。

（二）防衛法の制定

防衛法は、康徳五年三月二日の国務院会議の議決及び同年三月八日の参議府の諮詢を経て、裁可公布せられたが（康徳五年三月十日公布）、その過程において、満洲帝国総務庁と関東軍第四課（課長、片倉衷）の間の折衝が存在したと考えられる[25]。片倉衷は、日本内地勤務時に、真田穣一郎、坂間訓一、河越重定とともに、非常時下の場合に対処する方策として戒厳、戦時警備等の研究に携わっていた[26]。実際においても、第一二師団参謀であったときに、防空計画及び戦時警備計画につき改正意見を立案した形跡がある[27]。これらによって、特に、戒厳や戦時警備についての研究の蓄積があったと考えられる。後に公刊された回想録で、そのときの研究が、二・二六事件の行政戒厳（昭和十一年勅令第十八号及び第十九号）で役に立ったと述べている[28]。その片倉が関係した防衛法施行（康徳五年四月一日）の後、後述するようにノモンハン事件で初めて防衛令が発令されている。

防衛法の制定過程については、防衛省防衛研究所所蔵の「陸軍省大日記」及び「片倉史料」において、その一部を確認することができる。

「陸軍省大日記」によれば、昭和十二年「満受大日記（普）其八」収録の、昭和十二年十一月一日付、関東軍司令官発陸軍大臣宛電文に、「註」として、日満の軍事法規適用等について定める平時の法制とは別に、戦時、事変の際における防衛法の制定が予定されていることが記されている[29]。

防衛法そのものの制定に係る史料は、防衛省防衛研究所の「片倉史料[30]」等に防衛法の確定案である「防衛法案」、防衛法の施行に必要な細則や防衛法の規定により委任された事項を定めた「防衛法施行令（案）[31]」、これらの法令の国務院会議説明書である「防衛法提案理由書[32]」及び治安部大臣説明書である「防衛法要旨説明書[33]」が存在する。この史料は、防衛法制定の際、国務院会議に提出されたものであると考えられる。

なお、日満間の権限調整については、防衛法による防衛の準備、訓練時にかかわらず平時において適用されるべく、康徳四年治外法権撤廃[34]に伴い、「同盟国軍隊ノ駐屯ニ伴フ軍事法規適用等ニ関スル件」（康徳四年勅令第四二九号）等の制定公布の措置が採られている[35]。すなわち、満洲帝国では、外国軍である関東軍が駐箚しているので、治外法権撤廃に併せ、関東軍が満洲帝国法令を適用し、満洲帝国の統治作用を行い得るように、満洲帝国法令の制定を以て、調整を行った[36]。この点、片倉によれば、日満議定書（昭和七年条約第九号、大同元年条約第一号[37]）及びこれに付属する往復文書[38]を見る限りでは、関東軍が満洲帝国の主権が及ぶ地域において、軍事警察権行使を行う法的根拠がないこと等から、治外法権撤廃を機会に、この軍事法規調整が実現したと回想している。

（三）　防衛法の内容

防衛法の内容については、かつて日高巳雄が前掲『戒厳令解説』のなかで、組織法に戒厳の規定は存しないが、人権保障法前文の規定を挙げた上で、戦時又は事変の場合に必要となる防衛法が定められているとし、防衛法に言う「防衛」とは、全満に亘り又は地域を画して、兵備を以てする警戒、軍の行う防空に即応する一般的防空及び軍の行う警備に即応する一般的警備の全部又は一部を行うことを言うものであるから（防衛法第二条[39]）、日本における戒厳令及び防空法並びに国家総動員法に基づく「総動員警備」の内容を包含していると指摘していた[40]。しかし、戦前・戦後を通じて、公刊された書籍のなかに、これ以上、防衛法に踏み込んだものはないので、以下に論及したい。

(ア)　防衛法の性質

防衛法は、その上諭に、「朕組織法第三十六条ニ依リ参議府ノ諮詢ヲ経テ防衛法ヲ裁可シ茲ニ之ヲ公布セシム」とあるように、本来法律として制定されるべきところ、立法院未開設のため、組織法第三十六条（康徳四年六月五日組織法改正前は、第四十一条、康徳七年七月十五日組織法改正後は、第三十八条）の「皇帝ハ当分ノ間参議府ノ諮詢ヲ経テ法律ト同一ノ効力ヲ有スル勅令ヲ発布シ予算ヲ定メ及予算外国庫ノ負担ト為ルベキ契約ヲ為スコトヲ得」という規定に基づき、法律と同一の効力を有する勅令として制定された。すなわち、勅令の形式で制定されたが、内容としては法律と見なければならない。

もっとも、防衛法には、法律事項と勅令事項が混入している。例えば、発令権者を規定した防衛法第四条及び第五条による防衛令の発令は、少なくとも大権に属する事項であるので、勅令事項でなければならない。この点は、日本の戒厳令も同様の問題があったようである[41]。しかし、戒厳令は、帝国憲法施行前かつ「内閣職権」（明治十八年太政大臣達）施行前に制定された「太政官布告」であり、帝国憲法第七十六条の「法律規則命令又ハ何等ノ名称ヲ用キタルニ拘ラス此ノ憲法ニ矛盾セサル現行ノ法令ハ総テ遵由ノ効力ヲ有ス」という規定によって法律（一部規定は大権事項であるため勅令）として扱われていた[42]。又、防衛法も、立法院未開設の状況で制定されたものであるから、大きな問題とはならなかったようである。

(イ)　防衛法の特徴

前掲「防衛法案」の冒頭に、「中外ノ情勢ニ照ラシ帝国ノ実情ニ稽ヘ防衛ニ関スル準備、訓練及実施ヲ規整スル為本法制定ノ必要アルニ因ル」と簡単な法案提出理由が添えられている。

防衛法の特徴について、大きく次の三つが指摘できると考える。

(i)　発令にあたっての「防衛令」という法形式の存在

日本における戒厳の宣告は、詔書又は勅令とされたが[43]、満洲帝国においては、「防衛令」という形式であった。

高橋貞三[44]によれば、防衛令とは「組織法第三十八条に基づく勅令たる[45]防衛法第三条に規定する命令であつて、防衛の実施を宣告するものである。」と定義する。すなわち、法律（組織法第三十六条に基づく勅令）たる防衛法第三条に規定する命令ということになる。そして、防衛令は、国務と軍令事務の相関連する命令である。このため、防衛令は、治安部大臣（康徳十（昭和十八）年四月一日以後は、軍事部大臣）の通知により、国務総理大臣が発し（防衛法第四条第一号）[46]、全国に防衛法第二条第一号の兵備を以てする警戒を主とする防衛を実施する必要がある場合においては、勅旨により、全国防衛司令官が発することになっていた（防衛法第四条第二号）[47]。また、「遽ニ敵ノ攻撃ヲ受ケ時機切迫シ命ヲ請フノ遑ナキトキハ」各地域の防衛司令官が臨時に防衛令を発することができるとされた[48]。

このような発布形式は通常の勅令や軍令には見られないものであり、且つ、簡素である。日本の戒厳が天皇により宣告されることを原則とすることと比すると、皇帝が直接裁可する場合が一定に限定されていることになる。この点、『奉天鉄道警察隊司法参考』[49]によれば、「防衛令ニ勅令ニ代ルベキ命令デ事ノ性質上所定ノ手続ヲ経ルノ遑ナキヲ顧慮シ、斯クノ如キ簡易ナル命令公布ノ形式ヲ定メタノデアルガ、防衛令ノ公布ハ国務上極メテ重大ナル案件デアルノデ、出来ル限リ事前又ハ事後速ニ所要機関ノ諒解ヲ経テ奏上ヲ為スコトヲ至当トスル。」とある。すなわち、この史料からは、事の性質に鑑み、煩雑な手続きを避けて簡易な手続きで「防衛」を実施できるよう「防衛令」という法形式を導入したと当時考えられていたことが窺える。

（ii）「非常事態」という新しい概念創造

防衛法第一条に「本法ハ戦時又ハ事変若クハ非常事態ニ際シ安寧秩序ヲ維持シ敵ノ各種攻撃特ニ航空機ニ依ル攻撃ニ因リ生ズベキ危害ヲ防止シ又ハ之ニ因ル被害ヲ軽減シ及軍事上障害ナカラシムルヲ以テ其ノ目的トス」と規定する。前掲「防衛法要旨説明書」には、表紙に「閣議ニ於ケル治安部大臣ノ説明」と表記され、以下のように記載されている。ここで言う「閣議」とは国務院会議である。

本法ノ目的ハ第一条ニ規定セラレテヰル所デアツテ本法ハ戦時又ハ事変ノ如キ非常時体制下ニ於テハ兵備ヲ以テ全国又ハ一地方ノ安寧秩序ヲ維持シ敵ノ攻撃殊ニ航空機ノ来襲ニ因リテ生ズベキ危害又ハ之ニ因ル被害ヲ防止又ハ軽減シ且軍事上諸般ノ施設処置ニ障害ナカラシムルコトヲ目的トシテヰルノデアル

この記述のうち、「戦時又ハ事変ノ如キ」とあるのは、注意を要する文言であって、この点について、昭和十七年四月三日に、片倉衷が「防衛法ノ精神並其ノ運用ニ就テ」[50]という題にて奉天で講演したときに、以下のように述べている。

満洲ノ状態ハ所謂在来通念デアル所ノ、戦時、事変、平時ト云フ概念ノ他ニ一ツノ新シイ形態ガアルノデアリマス。例ヘバ敵ノ策動ガ熾烈デアリマシテ、国内ニ非常ナル暴動ヲ起ス、対敵行動ニ於テハ事変デハアリマセンガ、対内行動ニ於テハ特別内命ニ依ツテ之ヲ鎮定シナケレバナラヌト云フ状態、若ハ複雑ナル国際情勢ニ於テ在満ノ日本軍ノ兵力ヲ増強シ、夫レニ伴フ軍事予算関係ヲ充実シテ、之ニ対スル諸般ノ各種ノ謀略ノ手ガ生レテ来ルト云フ様ナ場合ニ於キマシテ、満ヲ持セズシテ刃向ツタ形ニ於テ事実行為トシテ、戦時又ハ事変デアルト云フ様ナ状態サフ云フ事モ思考セラレルノデアリマス。其所デ夫等ノ事ヲ考ヘマシテ満洲ニ於テハ戦時、事変、平時ノ外ニ非常事態ト云フノモノガアルト云フ事ヲ、考ヘナケレバナラナイノデアリマス。之ハ防衛法第一条ニ於テ後刻申上ゲマスガ、戦時及事変又ハ非常事態ニ際シ云々ト書カレタ所以デアリマス。私ノ私見ヲ以テスレバ今日ノ満洲ハ正ニ非常事態デアリマス。

すなわち、「平時」並びに「戦時」及び「非常事変」の他に、「非常事態」という概念を創設し、防衛法の規定として織り込んだことを述べているのである。また、同盟国である日本が当事国となった大東亜戦争のように、満洲帝国としては、特に、参戦しないものの同盟国たる日本の立場に影響されることを考慮したものと考えられる。但し、片倉は、「私ノ私見ヲ以テスレバ今日ノ満洲ハ正ニ非常事態デアリマス」とは言うものの、満洲帝国が「非常事態」のみを理由に防衛令を発することはなかった。

(iii) 防衛法への戒厳、防空及び戦時警備の三事態の織り込み

防衛法第二条は、

本法ニ於テ防衛ト称スルハ全国ニ亘リ又ハ地境ヲ劃シ左ノ各号ニ付其ノ全部又ハ一部ヲ行フヲ謂フ

一、兵備ヲ以テスル警戒
二、軍ノ行フ防空ニ即応スル一般的防空
三、軍ノ行フ警備ニ即応スル一般的警備

と規定する。防衛法の構成は、全三〇条あるが、第一条乃至第四条及び第八条は総則的規定、第五条、第七条、第九条は戒厳に関する規定、第六条、第十条乃至第十六条は一般的防空及び警備（警護計画）に関する規定、第十七条乃至第十九条は警護計画の訓練及び査閲に関する規定、第二十

条は関係資料の提出や立入検査に関する規定、第二十二条及び第二十三条は国家補償に関する規定、第二十四条乃至第二十八条は罰則、第二十九条及び第三十条は日満関係に関する規定となっている。

この点、片倉衷も前述の講演で、「満洲国ノ防衛法ニ於キマシテハ前述ノ如ク日本ニ於キマスル戒厳法規、防空法規ニ戦時警備ト云フ三ツノモノカ織リ込ンデアルノデアリ」と述べている。すなわち、戒厳に加え、戒厳と連動する関係にある戦時警備と、外敵の空襲に対処するための防空を三つセットにしている。

このうち、戦時警備と防空は、軍が行う以外にも、軍以外の一般において行う「一般的警備」と「一般的防空」というものを定め、治安部大臣、省長、新京特別市長等が防衛実施に備え、警護計画を策定することとされた。この警護計画は、防空に関しては、日本防空法第一条の防空計画に相当するものと考えられる(51)。

(iv) 同盟国軍すなわち関東軍との共同防衛を前提とした規定の存在

前述の『戦史叢書』にあるように、関東軍の満洲国軍の区処権に対する根拠となったものである。但し、この『戦史叢書』では、帝制実施直後にこの区処権を定めた「同盟国軍憲トノ権限調整ニ関スル件」が制定されたような記述になっているが、実際は、防衛法制定と同日（康徳五年三月十日）である。満洲帝国においても、防衛法による防衛の実施、準備及び訓練の際、日満間の権限調整が必要であるので、防衛法に以下の規定がなされている。

第二十九条　本法ノ規定ハ帝国内ニ在ル同盟国軍ガ共同防衛上防衛ノ実施、準備及訓練ヲ為ス場合ニ之ヲ準用ス

前項ノ場合ニ於テ同盟国陸軍最高司令官ハ本法中治安部大臣又ハ全国防衛司令官又同盟国陸軍防衛司令官ハ本法中防衛司令官ト同一ノ権限ヲ有スルモノトス

第三十条　前条ノ場合ニ於ケル帝国軍憲ト同盟国軍憲トノ権限関係ハ軍令ノ定ムル所ニ依ル

この規定について、前掲「防衛法要旨説明書」においては、

第二十九条及第三十条ハ日満共同防衛ト本法トノ関係ヲ規整スル為ノ規定デアツテ、日満共同防衛ノ建前ヨリ日本国軍ハ本法ヲ運用シテ防衛ノ実施、準備及訓練ヲ為スコトヲ得ルコトトシ、以テ共同防衛ノ運用上遺憾ナキヲ期シタノデアル。之ノ場合日満両軍憲ノ権限関係ニ付テ

ハ別ニ軍令ヲ以テ規律スルコトトシタノデアル。

と説明されており、この規定に基づく軍令として、防衛法と同日に「同盟国軍憲トノ権限調整ニ関スル件」が制定公布された。[52]

この軍令は、本文全一条と施行期日を康徳五年四月一日と定めた附則によって構成されており、その本文には、

国軍ハ防衛法第二十九条ニ依リ帝国内ニ在ル同盟国軍ガ共同防衛上ノ実施、準備及訓練ヲ為ス場合ニハ必要ニ応シ其ノ統制区処ヲ受クルモノトス

と規定されている。すなわち、防衛法の下で、日本軍司令官たる関東軍総司令官（昭和十七年軍令陸甲第八十号により関東軍司令官を関東軍総司令官と改称。）又は各地区の防衛司令官が、満洲帝国の法律である防衛法を適用できるようになった。同時に共同防衛上の防衛の実施、準備、訓練を行うにあたって、満洲国軍が関東軍の区処を受けるものとすることを定めたのである。[53]

このような措置によって、戦時・事変・非常事態以外に適用される「同盟国軍隊ノ駐屯ニ伴フ軍事法規適用等ニ関スル件」（康徳四年勅令第四三九号）と原則、戦時・事変・非常事態で適用し得る防衛法の両者の制定、公布により、満洲帝国の主権が及ぶ地域であっても、満洲側の法令を日本軍側が適用できる法的根拠が完成し、同時に満洲法令の独立が尊重できたとされている。[54]

満洲帝国においては、同国の軍令である「同盟国軍憲トノ権限調整ニ関スル件」の範囲で、外国軍に統帥権を委任しているという特徴を有することになるが、片倉衷が前述の講演「防衛法ノ精神並其ノ運用ニ就テ」でも指摘しているように第二次世界大戦時の南西太平洋方面最高司令官[55]であったマッカーサー元帥の事例等で見られる。しかも、日本軍も北清事変の際、大日本帝国陸軍の一部の指揮権をドイツ軍司令官に委譲されている。[56]

ここで、注目したいのは、日満軍の指揮系統の調整であっても、戦時、事変又は非常事態の場合と、平時の場合とが区別されていたということである。

四　実際の運用

防衛法の実際の運用について触れる。防衛法の実際の運用は、防衛の実施を行う場合と防衛の準備及び訓練を行う場合が存在した。防衛法の実施は、「防衛令」を発することにより行われた。この場合の事例としては、ノモンハン事件と終戦時の対ソ防衛戦のときのみである。

（二）ノモンハン事件における運用

昭和十四（康徳六）年六月十七日以後、ソ連軍のカンジュル廟空襲を機に、第二次ノモンハン事件が勃発した。このとき、日本政府は、昭和十四年七月十一日付の閣議決定で、「今次『ノモンハン』附近日満軍ト『ソ』外蒙軍トノ衝突事件ニ就テハ支那事変ニ準シ扱フコト」としていた(57)。

そして、関東軍司令官は、昭和十四年七月十六日、戦時防空を下令し、且つ隷下の全部隊（第四軍及び第四師団を除く）に応急派兵を命じた。更に、関参満発第二四〇九号「満洲国全国防衛強化ノ件」にて総務長官、南満洲鉄道株式会社総裁、満洲電信電話株式会社総裁、関東局総長及び協和会中央本部長に宛て、次のように指示している。

時局ニ鑑ミ満洲国全国防衛強化ノ必要ヲ認メ今般満洲（関東洲ヲ除ク）ニ於テ軍全般ニ対シ戦時防空（之ニ関連スル戦時警備ヲ含ム）下令セルニ付テハ満洲国トシテハ防衛法第六条（附随条項ヲ含ム）ノ内容ニ関シ各防衛司令官ノ指示ヲ受ケ積極的防衛態度ヲ以テ警護ニ遺憾ナキヲ期スルト共ニ特ニ人身ノ安定ヲ図ラレ度

追テ将来防衛令宣告アルコトアルヲ予期シ予メ所要ノ研究ヲ完遂シ遺算ナキヲ期セラレ度、念ノ為申フ(58)

すなわち、防衛法第六条の警護に遺憾がないように期し、防衛令の発動に備えることを求めている。これらの動きに対応するように、満洲帝国政府は、同二十五日に康徳六年防衛令第一号として左記の防衛令を公布した(59)。

茲ニ防衛法第四条第一項ニ基キ西北部国境紛争ニ関シ防衛ヲ実施スルノ件ヲ定ム

康徳六年七月二十五日

国務総理大臣　張　景恵

西北部国境紛争ニ関シ防衛ヲ実施スルノ件

第一条　康徳六年七月二十五日ヨリ全国ニ亘リ防衛法第二条第二号及第三号ニ掲グル事項ニ付防衛ヲ実施ス

第二条　防衛法第六条ノ規定ニ基キ防衛司令官ノ管掌スベキ事項ハ一般的防空及一般的警備ニ必要ナル一切ノ事項トス

第三条　防衛法第八条ノ規定中左ニ掲グル事項ヲ適用ス

一　第一号ニ関シ軍事上必要ヨリスル制限

二　第二号ニ関シ軍事上必要ヨリスル制限

三　第三号ニ関スル制限

四　第九号ニ関スル制限（鉄道水運海運ヲ除ク）

五　第十号ニ関スル制限

この防衛令の適用地域は、第一条に「全国ニ亘リ」とあるので、全満に適用される。これは、防衛令発令前の時点で関東軍参謀部第二課の観察によればソ連極東軍全軍が動員され、東部国境の監視哨の視察を総合すればソ連軍は前線の陣地に布陣している印象があるとされたからである[60]。又、適用される内容は、「防衛法第二条第二号及第三号ニ掲グル事項ニ付」とあるので、防衛法中戒厳（防衛法第二条第一号）、防空（同第二条第二号）、戦時警備（同第二条第三号）のうち、防空及び戦時警備に関する規定が適用されることになる。従って、厳密には、日本内地で言う「戒厳」が実施されたというわけではない。しかも、戒厳令中第九条及び第十四条の規定のみを適用する日本内地の行政戒厳と比べても、郵便電報の検閲（防衛法第八条第七号、戒厳令第十四条第四号）や家屋等への立入検査（防衛法第八条第五号、戒厳令第十四条第六号）がないので、比較的緩やかな非常規制ということができる。これは、民心への影響を配慮して敢えて緩い規制を選択した結果であった[61]。この点については、防衛実施の当日に『政府公報』によって布告された「防衛令宣告ニ対スル国務総理大臣声明」にも次のような記載がある[62]。

> 今次防衛令ニ基キ実施セラルル防衛ハ防衛司令官管掌ノ下ニ軍防空ニ即応スル防空及警備ノ完璧ヲ期センガ為防衛法中所要ノ条項ヲ部分的ニ適用スルモノナリ是レ時局ニ対処スルノ方策ヲ能フ限リ常時ノ体制及方法ニ依リテ実施シ又其ノ手段トシテハ能フ限リ非常強制ノ方法ヲ避ケテ国民ノ自発的協力ニ訴ヘントスル趣旨ナリ

そして、この防衛令の発令根拠として、防衛法第四条第一号を明記している。すなわち、国務総理大臣が発令権を行使することから、終戦時のように防衛令第四条第二号に基づき勅旨を以て全国防衛司令官が発する場合よりは緩やかな防衛令であることが窺える。そして、関東軍及び満洲国軍の行う「防衛」に呼応して、防衛法第六条の規定による一般的防空及び一般的警備につき、一切の事項を防衛司令官が管轄するとした。また、「集会、結社又ハ多衆運動」の制限又は禁止、「新聞、雑誌、文書図書、広告、通信等ノ発行又ハ発売頒布等」の制限又は禁止、「銃砲、火薬、爆薬、火工品、刀槍其ノ他危険物ノ運搬、授受又ハ所持」の制限又は禁止、鉄道を除く陸上交通の制限又は禁止、特定の音響を発することの制限又は禁止がなされている[63]。

なお、ノモンハン事件による戦闘が康徳六年九月十六日に停止したことを受けて、左記の康徳六年防衛令第二号を以て、前掲康徳六年防衛令第一号を廃止することにより、「防衛」の解止をなした。

康徳六年防衛令第二号
康徳六年防衛令第一号西北部国境紛争ニ関シ防衛ヲ実施スルノ件廃止ノ件
康徳六年防衛令第一号西北部国境紛争ニ関シ防衛ヲ実施スルノ件ハ康徳六年九月二十日限リ之ヲ廃止ス
康徳六年九月二十日
国務総理大臣　張　景恵

ノモンハン事件に係る防衛は、この康徳六年防衛令第二号で解止せられたが、同事件の影響もあって、防衛司令官の権限を拡充すべく防衛法の一部改正（康徳七年勅令第一一三号）や「防衛法第六条第三号ニ依リ防衛司令官ノ発スル命令公布式ニ関スル件」が制定、公布された。[64]

（二）　ソ連の対日参戦

ソ連が日ソ中立条約に違反して昭和二十（康徳十二）年八月九日、日本に対し宣戦を布告したことに伴い、同日、全満に防衛令が公布された。この防衛令については、『政府公報』を始め防衛令本文の内容を確認するものが管見の限り見つかっていない。

そこで、現状で確認できる範囲において、この防衛令につき問題になる点を整理したい。

まず、発令権者が問題となる。防衛令の発令権者については、原則として、国務総理大臣である（防衛法第四条第一号）。ただ、「全国ニ亘リ第二条第一号（戒厳）ヲ主トスル」防衛は、勅旨を以て全国防衛司令官が発することができ（同第四条第二号）、「遽ニ敵ノ攻撃ヲ受ケ時機切迫シ」、新京に「命ヲ請フノ遑ナキトキハ」各地区の防衛司令官が発するという例外がある（同第五条）。そして、発令した防衛は、第二条第一号（戒厳）、第二条第二号（防空）、第二条第三号（戦時警備）が、どの部分まで入っていたのかも問題となる。

この点、関東軍総参謀長であった秦彦三郎は、当日「国境警備要綱の制約を解き、戦時防衛規定の発動を下し」た上、張景恵国務総理大臣、武部六蔵総務長官及び秦関東軍総参謀長の三人で防空壕にいる康徳皇帝のところへ夜明け前に伺候し、「壕内で状況を説明し満洲国防衛法の発動を要請しその許可を得」たと回想している。[65] 草地貞吾[66]によると、昭和二十年八月九日に、関東軍が「全面開戦に関する命令を発動するとともに『満ソ国境警備要綱』を廃棄して其の拘束を解いた。また『戦時警備規定』及び『防衛法』を発動し、日満一体の戦争状態に移行するよう措置した。」とあり、[67]『満洲国史』によると、同様の記述の他、同日、午前四時に防衛令を全満に下令した後、午前六時に第十七方面軍（朝鮮軍）を隷下に置いて、日満一体の戦時体制に移行したとあり、[68]関東州にも戒厳が実施されたとしている。[69]以上の記述、特に皇帝が防衛法の発動を許可したという点に鑑みると、皇帝の勅旨を承けて全国防衛司令官（防衛法第二十九条により、関東軍総司令官）が、全満に防衛令を発したと解して支障はないと考える。[70]このように解すると、第二条第一号を主とする防衛を発したことになり、少なくとも、対ソ防衛戦時の防衛は、「戒厳」に相当する効力は、持っていたことになる。また、併せて、同法第二条第一号（戒厳）を主とする場合、当然に防空や戦時警備と関連してくるので、第二条第二号（防空）、同第三号（戦時警備）の規定も適用されたと想像できる。

ちなみに、日本内地においては、同じくソ連軍の侵攻した樺太及び千島列島や米軍の侵攻した沖縄を含め、戒厳令による「戒厳」を実施しなかった。それだけ、終戦時の満洲帝国の置かれていた状況が危機的なものであったことは、康徳十二年八月十七日に康徳皇帝が退位し、[71]満洲帝国は終焉を迎えたことからも窺える。

（三）その他

防衛の準備及び訓練は、防衛法及び防衛法施行令の定めるところにより、国務総理大臣以下の行政官署が警護計画を策定し、これに準拠して行うことになっていたようである。又、この警護計画の策定や防衛法の運用のために、治安維持委員会等に代わって防衛委員会が設置されたようであるが、今回は「防衛」実施に関する規定を中心に考察したので、詳細は別稿に譲りたい。

おわりに

以上において、終戦前の著作物や戦後の『戦史叢書』に一部だけ触れられていた満洲帝国防衛法の内容について紹介することができたと考える。

満洲帝国の防衛法が日本の戒厳令、防空法及び戦時警備[72]の三つの規定を取り入れ、これを日満共同防衛の仕組みで運用していたのであるから、満洲帝国防衛法は、日本の三規定の集大成と言うことができる。

実際の運用を見ると、防衛を実施した二回のうち、ノモンハン事件の際は、日本の「戒厳」にあたる規定は適用されず、しかも、行政戒厳よりも緩やかな規制が行われたに過ぎないことがわかる。日本の「戒厳」に相当する規定が適用されたのは、終戦時の対ソ戦のみとなる。

また、防衛法による防衛を発動するにあたっては、手続きを簡易にするために「防衛令」という勅令や軍令とも違う特別の法形式を用いていたことは注目されよう[73]。この法形式が定められたことにより、参議府の諮詢が必要な勅令よりもより簡易な手続きで防衛を発動できる制度が整備されたことになる。この点、枢密院への諮詢が必要とされていた日本の戒厳と異なる（明治二十一年勅令第二十二号枢密院官制及事務規定第六条第七号参照）。

本稿では、終戦時の「防衛」実施の詳細や防衛の準備及び訓練については深く考察することができなかった。これらは、今後の課題としたい。

註

（1）戒厳令についての先行研究は、北博昭『戒厳——その歴史とシステム——』（朝日新聞出版、朝日選書、二〇一〇年）、藤井徳行「昭和一六年・内務省警保局における戒厳令研究」（『兵庫教育大学研究紀要　第二分冊　言語系教育・社会系教育・芸術系教育』第二十二巻、兵庫教育大学、二〇〇二年）二九—四二頁、同「昭和一六年・内務省警保局における戒厳令研究（二）」（『兵庫教育大学研究紀要　第二分冊　言語系教育・社会系教育・芸術系教育』第二十三巻、兵庫教育大学、二〇〇三年）二七—四三頁、大江志乃夫『戒厳令』（岩波書店、岩波新書、一九七八年）等がある。

（2）服部雅徳「『防空法』制定に到る経緯——日本における民間防空制度発足までの状況（シビル・ディフェンス〈特集〉）」（『新防衛論集』第十一巻四号、防衛学会、一九八四年）一一三—三九頁、飯塚誠「昭和初期の国土防空について——防空法制定の経緯——」（『鵬友』第二七巻三号、鵬友発行委員会、二〇〇五年九月）一〇七—一二二頁。

（3）なお、尹虎「満州国期の図們江北岸地域における『国家兵営化政策』の展開」（『国際日本学論叢』七号、法政大学大学院国際日本学インスティテュート専攻委員会、二〇一〇年）に、図們江北岸地域に限定した考察がなされているが、康徳六年に廃止となった治安維持会に言及があるのみで、防衛法運用の審議機関たる防衛委員会には言及していない。

（4）防衛庁防衛研修所戦史室『戦史叢書27　関東軍（1）対ソ戦備、ノモンハン事件』（朝雲新聞社、一七六九年）一二〇頁。

（5）日高巳雄『戒厳令解説』（良栄堂、一九四二年）一七、一八、五三—七一頁。なお、日高は、終戦時は、陸軍法務中将・南方軍法務部長であった。

（6）帝政時代、ワイマール共和政時代ともに紹介。

（7）ロシアについてはソ連時代の記述を主とするも、帝政ロシア時代についても言及している。

（8）トルコについては帝政時代のみ紹介。

（9）尾上幸雄『満洲国基本法大綱』（郁文社、一九四〇年）一〇一—〇三頁。

（10）康徳五年三月十日勅令第二十号。この勅令は、組織法第三十六条（康徳四年六月五日組織法改正前は、第四十一条、康徳七年七月十五日組織法改正後は、第三十八条）の規定に基づき、法律に代わるべき勅令として制定された。康徳七年五月勅令第一一三号及び同年十月勅令第二六六号により、一部改正がなされた。

(11) 「防衛法の精神と其の運用に就いて」(「片倉衷関係文書」国立国会図書館憲政資料室所蔵)。

(12) 手島庸義『満洲帝国基本法釈義』(満洲行政学会、一九四一年)一三二―三四頁、高橋貞三『満洲国基本法』(有斐閣、一九四三年)七九―八〇頁。

(13) 山室信一「『満洲国』の法と政治」(『人文学報』京都大学人文科学研究所、一九九五年)一四四、一四五頁。

(14) 治安維持法施行の日(康徳八年十二月二十七日)以前は、暫行懲治叛徒法(大同元年九月十二日教令第八十号)及び暫行懲治盗匪法(大同元年九月十二日教令第八十一号)。これらの教令は、康徳八年十二月勅令第三〇八号治安維持法施行法によって、廃止されたが、同勅令の規定により、臨陣格殺等を規定した暫行懲治盗匪法第七条及び第八条は、当分の間効力を有するものとされた。

(15) 大石義雄「帝国憲法上の非常大権を論ず」(『公法雑誌』第一巻一一号、良書普及会、一九三五年)一九頁。

(16) 同右、二〇―二三頁。

(17) 佐々木惣一『日本国憲法要論』(金刺芳流堂、一九三〇年)二六四頁、上杉慎吉『帝国憲法逐条講義』(日本評論社、一九三五年)九八頁、副島義一『日本帝国憲法論』(早稲田大学出版部、一九〇七年)三四一頁。

(18) 清水澄『逐条帝国憲法講義』(松華堂書店、一九三二年)一六一頁、美濃部達吉『逐条憲法精義』(有斐閣、一九二六年)四一四―一八頁。なお、美濃部は、全く同一であるとすると、帝国憲法第三十一条が無意味な規定になってしまうので、戒厳の他にも大本営の命令によって軍事上必要な命令を為し得るとする。

(19) 吉崎勝雄『憲法に於ける重点並に問題の検討』(文松堂、一九四四年)一五九―六九頁。

(20) 大石「帝国憲法上の非常大権を論ず」二五、二六頁。

(21) 藤田嗣雄『軍隊と自由』(河出書房、一九五三年)二六八頁。この点、大江『戒厳令』七八頁においても引用されている。

(22) 普通戒厳の事例として、日清戦争時の「戒厳宣告の件」(明治二十七年勅令第一七四号)及び日露戦争時の「戒厳宣告の件」(明治三十七年勅令第三十六号)他五件の勅令で一定の地域に戒厳が宣告された事例がある。また、行政戒厳の事例として、日比谷焼き討ち事件の際の「東京府内ノ一定ノ地域ニ戒厳令中必要ノ規定ヲ適用スルノ件」(明治三十八年勅令第二〇五号)、関東大震災の際の「一定ノ地域ニ戒厳令中必要ノ規定ヲ適用スルノ件」(大正十二年勅令第三九八号)及び二・二六事件の際の「一定ノ地域ニ戒厳令中必要ノ規定ヲ適用スルノ件」(昭和十一年勅令第十八号)として緊急勅令の形式で発せられた。

(23) 手島『満洲帝国基本法釈義』一三二―三四頁、高橋『満洲国基本法』七九―八〇頁。

(24) 尾上『満洲国基本法大綱』九八―一〇一頁。

(25) 武藤富男『私と満洲国』(文藝春秋、一九八八年)七五頁及び山本有造編『新版「満洲国」の研究』(緑蔭書房、一九九九年)八三―一二九頁に、勅令の制定過程における関東軍と総務庁の折衝が既に指摘されている。

(26) 日本近代史料研究会編『片倉衷氏談話速記録』上(日本

近代史料研究会、一九八二年）二九四頁。

(27)「昭和八年度第一二師団要地防空計画改正意見」及び「昭和八年度第一二師団戦時警備計画書第一部改正意見」（「片倉衷関係文書」国立国会図書館憲政資料室所蔵）。

(28) 日本近代史料研究会編『片倉衷氏談話速記録』上、二九四頁。

(29)「陸満普受第二二二一号　軍事ニ関スル諸法規適用等ノ調整ニ関スル件照会」に、「防衛法（戒厳防空戦時警備含括法規）ニ関シテハ草案ヲ経テ審議中」という記載があった（JACAR（アジア歴史資料センター）Ref. C04012592500、昭和十二年「満受大日記（普）　其八」「陸軍省大日記」（防衛研究所））。

(30)「片倉史料　満洲国関係重要参考書類綴二分の一冊」（「満洲国防衛法」防衛省防衛研究所戦史室所蔵）。

(31) 康徳五年四月十四日勅令第六十一号。防衛省防衛研究所の「片倉史料」には、「案」の字がない。

(32) 国務院会議にて国務総理大臣が行った説明。

(33) 国務院会議にて治安部大臣が行った説明。

(34) 康徳四年十一月六日、「満洲国治外法権之撤廃及南満洲鉄道付属地行政権之委譲（満洲国ニ於ケル治外法権ノ撤廃及南満洲鉄道附属地行政権ノ委譲ニ関スル日本国満洲国間条約）」（康徳四年条約第二号、昭和十二年条約第十五号）が実施された。

(35) 同盟国軍隊ノ駐屯ニ伴フ軍事法規適用等ニ関スル件（康徳四年勅令第四三九号）及び康徳四年勅令第四三九号同盟国ノ駐屯ニ伴フ軍事法規適用等ニ関スル件ヲ適用セラルベキ同盟国指定ノ件（康徳四年勅令第四八一号）が制定された。なお、これらの法令の法理を適用した判例として、加重窃盗事件を犯した満洲帝国人民たる被告人が新京高等法院に上告中に、関東軍の軍属として採用されたため、関東軍の軍属にも、満洲国軍軍人等と同様軍法会審が裁判権を有するとして、公訴を却下された事例がある（康徳六年十二月二十六日新京高等法院判決『最高法院刑事判決例集』（法曹会、一九三九年）第四巻附録「新京高等法院判決」一五―二二頁）。

(36) なお、この他に、日本国法令を満洲帝国法令と看做して適用できる規定があったが（同盟国ノ駐屯ニ伴フ軍事法規適用等ニ関スル件第一条）、少なくとも康徳九年すなわち昭和十七年時点ではこの規定は一度も適用を見ていないようである（片倉衷「防衛法の精神並に其の運用に就て」（「片倉衷関係文書」所収、国立国会図書館憲政資料室所蔵）一二、一三頁）。

(37) この条約を満洲帝国内に公布した『満洲国政府公報』大同元年九月十五日号外では、国務院布告第五号として掲載されたが、後日刊行された『満洲国政府公報』の大同元年九月の目録や各種の六法（『満洲国六法全書』大同印書館、一九四三年）等は大同元年条約第一号として表記している。

(38) 建国時に本庄関東軍司令官と溥儀執政間で交換された公文と、その後、関東軍司令官と満洲国国務総理の間で締結された四協定については、日満議定書に附随する往復文書において追認された。

(39) 防衛法の目的と定義については、次のように規定されていた。

第一条　本法ハ戦時又ハ事変若クハ非常事態ニ際シ安寧秩序ヲ維持シ敵ノ各種攻撃特ニ航空機ニ依ル攻撃ニ因

リ生ズベキ危害ヲ防止シ又ハ之ニ因ル被害ヲ軽減シ及軍事上障害ナカラシムルヲ以テ其ノ目的トス
同第二条　本法ニ於テ防衛ト称スルハ全国ニ亘リ又ハ地境ヲ劃シ左ノ各号ニ付其ノ全部又ハ一部ヲ行フ
一、兵備ヲ以テスル警戒
二、軍ノ行フ防空ニ即応スル一般的防空
三、軍ノ行フ警備ニ即応スル一般的警備

(40)　日本の国家総動員法（昭和十三年法律第五十五号）には、総動員警備の規定があるが（第三条第八号）、満洲帝国の国家総動員法（康徳五年勅令第十九号）には、総動員警備の規定がない。

(41)　三浦恵一『戒厳令詳論　全訂第三版』（松山房、一九四三年）二一、三三頁、日高『戒厳令解説』八五、八六頁。

(42)　日高『戒厳令解説』八五、八六頁。なお、日高は、この言及のなかで、戒厳令に法律事項（第一条乃至第三条、第八条乃至第十六条）と勅令事項（第四条乃至第七条）が混在すると指摘していて、特に、第六条が勅令事項であることは、明治十九年十二月一日勅令第七十四号による戒厳令一部改正においては法律ではなく勅令の形式で第六条が改正されたことからも窺えるとする。

(43)　公式令（明治四十年勅令第六号）施行前に、日本国内で実際に行われた戒厳の宣告は、「勅令」の形式で行われた。しかし、公式令は、「大権ノ施行ニ関スル勅旨ヲ宣誥スルハ別段ノ形式ニ依ルモノヲ除クノ外詔書ヲ以テス（第一条）」と規定しているので、公式令施行後は詔書事項と解する見解があった。この点につき、天野徳也「非常大権に就て（憲法雑題――其一二）」（『法学新報』第五十二巻一号、中央大学法学部、一九四二年一月号）三七、三八頁参照。

(44)　高橋『満洲国基本法』二四九―五一頁。

(45)　防衛法第三条第一号において「防衛ノ実施ハ防衛令ヲ以テ之ヲ宣告ス」とある。なお、防衛令の記載事項につき、同第二条に「防衛令ニハ防衛ノ始期、地境、程度其ノ他ノ要件ヲ定ムヘシ」との規定があった。

(46)　防衛法第四条第一号　防衛令ハ治安部大臣ノ通知ニ依リ国務総理大臣之ヲ発ス

(47)　防衛法第四条第二号　全国ニ亘リ第二条第一号ヲ主トスル防衛ヲ実施スベキ必要アル場合ニ於テハ勅旨ヲ以テ全国防衛司令官ヲシテ防衛令ヲ発セシメルコトヲ得

(48)　防衛法第五条　遽ニ敵ノ攻撃ヲ受ケ時機切迫シ命ヲ請フノ遑ナキトキハ其ノ地ノ防衛司令官臨時防衛ノ実施ヲ布告スルコトヲ得但シ防衛ノ地境程度其ノ他ノ要件ハ之ヲ必要ノ限度ニ止ムルコトヲ要ス
前項ノ場合ニ於テハ防衛司令官ハ遅滞ナク国務総理大臣及治安部大臣ニ其ノ状勢及事由ヲ由報スベシ

(49)　著者が古書店より購入した奉天鉄道警察隊用の参考書であり、このなかに「防衛法解説」（Ｂ5判、タイプ打ち）という防衛法の参考書が含まれていた。

(50)　片倉衷「防衛法ノ精神並其ノ運用等ニ就テ（講演資料）」〔関東防衛軍司令部、昭和十七年（「片倉衷関係文書」国立国会図書館憲政資料室所蔵）〕。

(51)　防衛法第十条　治安部大臣ハ関係大臣ト協議シ軍以外ノ者ノ為スベキ一般的防空及警備ノ実施ヲ円滑ナラシムル為之ガ実施及実施ニ必要ナル設備又ハ資材ノ整備ニ関スル計画（以下之ヲ警護計画ト称ス）ヲ策定スベシ

(52) この軍令の上諭には、国務総理大臣及び治安部大臣が副署している。「軍令ニ関スル件」（康徳元年軍令第一号）参照。満洲帝国における軍令は、軍の統率に関して皇帝の勅裁を経た規定であって（同第一条）、公示を要するものは、上諭を付して公布するものとされた（同第二条）。

(53) 満洲国治安部警務司編『満洲国警察史』（満洲国治安部警務司、一九四二年）二五七頁に、日満共同防衛の趣旨に基づき平戦両時における防衛法の運用はもちろん、治安維持又は関東軍の軍事に関連する行政事項につき、各地における日満軍官民諸機関並びに共同防衛上必要なる諸施策を同盟国である大日本帝国軍の防衛司令官の下に一元化する旨の記載がある。

(54) 日本近代史料研究会編『片倉衷氏談話速記録』上、二九四頁。

(55) 連合国軍南西太平洋方面司令官は、アメリカ軍、イギリス軍、オランダ軍及びオーストラリア軍を指揮する。

(56) この点、清水『逐条帝国憲法講義』一四一―四六頁によれば、「天皇ノ親裁スヘキ大権ニシテ決シテ他人ニ委任スヘキモノニ非ス」とし、明らかに憲法違反の行為であるとしている。

(57) 「『ノモンハン』事件を支那事変に準し取扱ふ閣議決定の件」JACAR; C01001778300,「大日記甲輯　昭和十四年」「陸軍省大日記」（防衛研究所）。

(58) 「滿洲國全國防衛鞏化ノ件」抄録（昭和八年六月二十三日、片倉衷作成）（「片倉衷関係文書」国立国会図書館憲政資料室所蔵）。

(59) この防衛令は、一般の法令と同様、満洲帝国国務院総務庁『政府公報』康徳六年七月二十五日号外に掲載された他、内地の新聞にも報道された（『東京朝日新聞』昭和十四年七月二十六日朝刊二頁一〇段、『読売新聞』昭和十四年七月二十六日朝刊二頁五段）。なお、この防衛令の前段階の戦時防空や応急派兵と違い「公布」の手続が取られていることに注目すべきである。

(60) 「第六節関東軍諸部隊応急派兵並ニ防空下令ノ動機」（「中島鉄蔵中将回想録」防衛省防衛研究所所蔵）。

(61) 同右。

(62) 『政府公報』康徳六年七月二十五日号外、一―二頁。

(63) 防衛法による「防衛司令官」の権限は、防衛法第六条乃至第八条に規定されている。すなわち、次のごとくである。

　防衛法第六条　防衛地境内ニ於テハ軍ノ行フ防空又ハ警備ニ即応シテ軍以外ノ者ヲシテ消防、防毒、避難、救護、其ノ他ノ防護、灯火管制及此等ニ関シ必要ナル監視、通信、警報等一般的防空並交通線其ノ他ノ重要ナル施設、資源ノ掩護、警戒等一般的警備ヲ為サシムル為必要ナル事項ハ防衛令ノ定ムル所ニ依リ防衛司令官之ヲ管掌ス

　前項ノ場合ニ於テ軍以外ノ者ハ治安部大臣及関係大臣ノ定ムル所ニ依リ一般的防空並ニ一般的警備ニ任ズベシ防衛司令官ハ第一項ノ事項ヲ行フ必要アルトキハ前項ノ命令ニ拘ラズ別段ノ命令ヲ発スルコトヲ得

（康徳七年勅令第一一三号、第二五六号本条中改正）

　同第七条　防衛地境内ニ於テハ軍事ニ関係シ又ハ保安ニ関スル行政ハ防衛令ノ定ムル所ニ依リ防衛司令官其ノ全部又ハ一部ヲ管掌ス

　前項ノ場合ニ於テハ防衛地境内ニ管轄権ヲ有スル地方

行政官署ノ長ハ速ニ防衛司令官ノ指揮ヲ承クベシ

同第八条　防衛地境内ニ於テハ防衛司令官防衛ノ必要アリト認ムルトキハ他ノ法令ノ規定ニ拘ラズ防衛令ノ定ムル所ニ依リ左ノ処分又ハ行為ヲ為スコトヲ得

一、集会、結社又ハ多衆運動ヲ制限シ又ハ禁止スルコト

二、新聞、雑誌、文書図画、広告、通信等ノ発行又ハ発売頒布等ヲ制限シ又ハ禁止シ又ハ没収スルコト

三、銃砲、火薬、爆薬、火工品、刀槍其ノ他ノ危険物ノ運搬、授受又ハ所持ヲ制限シ若ハ禁止シ又ハ没収スルコト

四、軍需ニ供シ得ベキ公有又ハ私有ノ諸物件ヲ調査シ必要アルトキハ之ガ使用、消費、毀棄其ノ他処分又ハ移動ヲ制限シ又ハ禁止スルコト

五、昼夜ヲ問ハズ検問検索ヲ為シ又ハ建物、船車等ニ立入リ検査スルコト

六、指定シタル地域内ノ居住者若ハ旅行者ヲ退去セシメ又ハ外部トノ交通ヲ制限シ若ハ禁止スルコト

七、郵便、電信ヲ検閲シ若ハ押収シ又ハ通話、放送ヲ制限シ若ハ禁止スルコト

八、信号、暗号、隠語又ハ秘密インクノ使用ヲ制限シ又ハ禁止スルコト

九、水陸ノ交通又ハ航空ヲ制限シ又ハ禁止スルコト

十、特定ノ音響ヲ発スルコトヲ制限シ又ハ禁止スルコト

十一、緊急ノ必要アリト認ムル部分ニ付送電又ハ配電ヲ停止セシムルコト

（康徳七年勅令第一一三号本条中改正）

(64) 片倉「防衛法ノ精神並其ノ運用等ニ就テ」三三頁。

(65) 児島襄『満洲帝国 Ⅲ』（文藝春秋、一九七六年）二四一頁参照。皇帝が満洲帝国防衛法の発動を裁可したとある。

(66) 草地貞吾「関東軍終戦始末記」（一九五七年八月十五日。防衛省防衛研究所所蔵）一〇一七頁。

(67) 秦彦三郎『苦難に堪えて』（日刊労働通信社、一九五八年）一四―一五頁。

(68) 満洲国史編纂会編『満洲国史』「総論」（満蒙同胞援護会、一九七〇年）七五三、七五四頁。

(69) 関東州の戒厳については、『朝日新聞』昭和二十年八月十二日朝刊一頁一一段にも記事がある。同記事には、旅大防衛司令部による発令としている。この点、現地司令官の発令であるので、合囲地境戒厳であったのではないかと推測されている（松木一郎『二・二六事件裁判の研究』（緑蔭書房、一九九九年）七―九頁）。また、関東州内の警察官の回顧録である斉藤良二『関東局警察四十年の歩みとその終焉』（関東局警友会事務局、一九八一年）一一九―一二三頁に、八月十日に州内に戒厳令が布かれ、大連地区（陸軍担当）旅大防衛司令官柳田元三陸軍中将が、旅順地区（海軍担当）は旅順方面海軍根拠地司令官小林謙吾海軍中将がそれぞれ戒厳司令官になったとしている。

(70) 日本近代史料研究会編『片倉衷氏談話速記録』上、二九四頁。

(71) 帝位継承法の定める帝位継承資格者（康徳皇帝の男系子孫たる男子）がいないなかで康徳皇帝が退位したので、満洲帝国は消滅した。

(72) 戦時警備計画令（昭和七年軍令陸甲第三十三号）。

(73) 日本の場合、公式令（明治四十年勅令第六号）公布前であれば勅令事項とされていたが、公式令公布後にあっては国務上の大権施行を宣誥することに属するから詔書事項と解釈されていた（但し、行政戒厳は、戒厳令の一部規定を適用すべくその都度個別に法律と同一の効力を有する緊急勅令を制定、公布していた）。フランスの場合、一八七八年四月三日のフランス戒厳法は、戒厳の宣告は法律事項であるとし（同法第一条二項）、議会閉会の場合においても大統領が閣議決定を経て宣告した二日後には議会が当然開会し（同法第二条）、下院解散時もできる限り短期間で選挙及び召集を行うものとされた（同法第三条）。また、ドイツ帝国の場合は皇帝の軍令事項とせられた（鵜飼信成『戒厳令概説』（有斐閣、一九四五年）二七、二八頁、天野徳也「非常大権に就て」（『法学新報』第五二巻一号、中央大学法学部機関、法学新報社、一九四二年）三七—三八頁）」。

（一般社団法人全日本樺太研究会）

『軍事史学』バックナンバー在庫リスト

軍事史学会では、バックナンバーを頒布しています。御希望の方は、事務局までお申し込み下さい。残部が限られているものもありますので、品切れの場合はご容赦下さい。

なお、総目次は、軍事史学会ホームページに掲載されております。

◆在庫リスト◆

第十九巻　第三・四号　以下、一、二五〇円
第二十巻　第一・二・三・四号
第二十一巻第一・二・三・四号
第二十二巻第一・二・三・四号
第二十三巻第三・四号
第二十四巻第一・二・三・四号
第二十五巻第二号、三・四合併号「第二次世界大戦(一)」（三、九八一円）
第二十六巻第一・二・四号　以下、一、五〇〇円
第二十七巻第一・四号
第二十八巻第一・二・三・四号
第二十九巻第一・二・三・四号
第三十巻　第一・二・三・四号
第三十一巻第一・二合併号「第二次世界大戦(三)」（四、三六九円）、三・四号 以下、
二、〇〇〇円
第三十二巻第一・二・三号
第三十三巻第二・三合併号「日中戦争の諸相」（四、五〇〇円）、四号
第三十四巻第一・二・三・四号
第三十五巻第一・二・三・四号
第三十六巻第一・二号、三・四合併号「二〇世紀の戦争」（四、〇〇〇円）
第三十七巻第一号、二・三合併号「再考・満州事変」（四、〇〇〇円）、四号
第三十八巻第一・二・三・四号
第三十九巻第一・二・三・四号
第四十巻　第一号、二・三合併号「日露戦争(一)」（四、〇〇〇円）、四号
第四十一巻第一・二合併号「日露戦争(二)」（四、〇〇〇円）、三・四号
第四十二巻第一・二号、三・四合併号「PKOの史的検証」（四、〇〇〇円）
第四十三巻第一・二号、三・四合併号「日中戦争再論」（四、〇〇〇円）
第四十四巻第一・三・四号
第四十五巻第一・二・三・四号
第四十六巻第一・二・三・四号
第四十七巻第一・二・三・四号
第四十八巻第一・二・三・四号
第四十九巻第一・二・三・四号
第五十巻　第一・二号、三・四合併号「第一次世界大戦とその影響」（四、〇〇〇円）
第五十一巻第一・二・三・四号
第五十二巻第一・二・三・四号
第五十三巻第一・二・三号

書評

ベアトリス・ホイザー著 奥山真司・中谷寛士訳『クラウゼヴィッツの「正しい読み方」 戦争論入門』

齋藤達志

一 本書の概要

本書は、ベアトリス・ホイザー（Beatrice Heuser）による *Reading Clausewitz*（2002）を奥山真司・中谷寛士両氏が全本訳したものである。*Reading Clausewitz* は、『戦争論』はなぜ難解で誤読されているのか、それをわかりやすくする入門書的なものが書けないかという問題意識から執筆されたようである。著者であるホイザーは、現在、英国レディング大学の教授を務める戦略分野を主に研究している学者である。

早速ではあるが、数多い『戦争論』入門書の中で本書はどのような特徴があるのだろうか。訳者あとがきには五つのポイントを挙げているが、評者の視点から最も重要と思われるものを紹介したい。それは、『戦争論』の中には「観念主義者」と「現実主義者」という二人のクラウゼヴィッツが存在しているということを前提に論じている点である。これは、クラウゼヴィッツの考えが二つの段階を経ているということに始まる。一つ目の「観念主義者」の段階は、クラウゼヴィッツは、自ら経験した戦争、フランス革命とナポレオン戦争が戦いの形を永久に変えてしまい、将来の総ての戦争はこのパターンを追従することになると考えた段階である。クラウゼヴィッツは後にこの間違いに気づき、戦争は限定的な戦争から全面戦争まで、戦いの種類には実に様々なタイプのものがあると考えるようになる。これが二つ目の「現実主義者」の段階である。この二つの考えを段階的にまとめたものが『戦争論』であるが、この著作は彼が死んだときにはまだ修正中であり、結果として矛盾だらけの内容となってしまったのである。ところがこのような欠点に気づかず、クラウゼヴィッツの幾つかの偉大なひらめきに圧倒された多くの読者たちは、『戦争論』に書かれている内容を無批判に受け取ってしまったのである。これらから『戦争論』がいかに多様かつ選択的な読まれ方をされてきたかを論証したのが、この本である。

本書の構成は、次の通りである。

まえがき
第1章　クラウゼヴィッツの生涯と『戦争論』の誕生
第2章　観念主義者のクラウゼヴィッツvs現実主義者のクラウゼヴィッツ
第3章　政治、三位一体、政軍関係
第4章　数字の先にあるもの――天才、指揮、戦力の集中、意志、そして摩擦――
第5章　防御・攻撃論、殲滅戦、そして総力戦
第6章　クラウゼヴィッツのさらなる応用――コーベットと海洋戦、毛沢東とゲリラ――
第7章　核時代のクラウゼヴィッツ
第8章　二一世紀におけるクラウゼヴィッツの有効性
原書注
訳者あとがき

二　各章の内容

以下、各章毎に内容を簡単ではあるが紹介したい。先ず第1章では、何が『戦争論』を執筆するための基礎となったのか、その思想の根源は何か、そして、なぜ我々はクラウゼヴィッツに注目するのかということが論じられる。クラウゼヴィッツは、「戦いの道具」というよりも「戦争をどのように考えればいいのか」というところに本質を求めた。そのため、最初『戦争論』は、「原則」を求める傾向のある軍人たちからは人気がなく、出版から一〇〇年間の『戦争論』はとりわけ二十世紀後半での高い評価と比較すれば、我々が思っていたほど評価されていなかった。そのような『戦争論』がなぜ各国が取り入れたのかを丹念に分析し、『戦争論』が評価されていく過程を論じている。特に日本についていえば、すでに一八八五年から九五年にかけてドイツ人士官たちを通じてクラウゼヴィッツの存在を知っていたこと、日露戦争の成功は軍の指導部が敵部隊の殲滅を求めて決戦を追及するという、第一次世界大戦前夜のヨーロッパで人気のあったクラウゼヴィッツの教義の一部から大きな影響を受けていたことなどが指摘されている。

第2章では、本著の最大の特徴である観念主義者のクラウゼヴィッツと現実主義者のクラウゼヴィッツ、クラウゼヴィッツは二人いたという分析が論じられる。

ホイザーは、『戦争論』を理解する際に重要なのは、クラウゼヴィッツが戦争と社会のつながりを晩年になってから導入したことを念頭におくことだという。クラウゼヴィッツには、ナポレオン戦争は「観念上の戦争」、つまり暴力と破壊が妨げられることのない純粋な形の戦争として映った。彼はこれを「絶対戦争」と呼んだのである。このため、彼の戦争の考えに「政治」は、全く考慮されてい

なかった。

　クラウゼヴィッツは、一八二七年十二月、友人にあてた手紙の中で、戦争は「それ自身だけで営みが行われるわけではなく、『政治によって導かれるものである』というアイディアに戻らなければならない。」と記し、それまで書いた『戦争論』の原稿を書き直す必要があることをほのめかした。そのため、第七篇と第八篇を書き直し、その他の六章分も書き直し始めたところで彼の人生は終わったのである。ここでホイザーは、二七年以前のクラウゼヴィッツを「観念主義者のクラウゼヴィッツ」と呼び、二七年から三〇年のクラウゼヴィッツを「現実主義者のクラウゼヴィッツ」と呼んだのである。つまり、『戦争論』の第七篇と第八篇、そして修正された第一篇が「現実主義者のクラウゼヴィッツ」により書かれたものである。しかし、ホイザーは、この二つのモデルは、物理学者が光を「波」と「物質」とみているように他の要因が関わってくる中で判断して適用されるべきものなのだ、と主張している。

　第3章では、クラウゼヴィッツがどこまで他人の考えを受け継ぎ、そして後継者たちにどのような影響を与えたのかが論じられる。『戦争論』には、「国家が最も重要な役割をもっている」という世界観があり、その中で現実主義者のクラウゼヴィッツが問題としたのは国民がどれほど戦争に関わり、支援できるかということであった。彼は戦争を通常の社会的な営みと見ていたのである。ここから彼は「奇妙な三位一体（国民、最高司令官とその軍隊、政府）」の理論を作り上げ、戦争の理論はこの三つの要素の相互作用を考慮に入れなければならないと結論づけたのである。また、彼は政軍関係について、文民政府が軍の最高指揮官のやり方を決定すべきであると考えていた。ところが政治と戦略の間に境界線を敷くべきであると「観念主義者のクラウゼヴィッツ」を信奉するモルトケの要求に賛同していた世代の士官たちによって第一次世界大戦が実行され、破滅的な結果を生みだしたのである。ホイザーは、第二次世界大戦における軍事指導者に対する政治家の優位の中でさえ、軍の主導者たちは、「絶対的」な勝利を狙ったのであり、これこそがルーズベルトによる「無条件降伏」という戦争目的の支持につながったと説明している。

　第4章では、クラウゼヴィッツを有名にした幾つかの戦争に関連する概念について踏み込み、後世に見てとることができる彼の影響について論じられる。クラウゼヴィッツが現在にも名を残している最大の理由は、何といっても戦争の政治的な面についての考察を行ったからである。しかし、彼が最初に軍事専門家たちの間で有名になったのは、戦争の説明を可能にするような概念（要素）を導入し、さらにそれを実践するための議論を行ったからである。この章ではその中で繰り返し引用された、軍事的天才、重心、軍事力の集中、意志の力と精神力、戦力の経済性、摩擦について議論される。

「観念主義者のクラウゼヴィッツ」は、重心を見極めることは戦争計画の作成における最初の任務であり、次の任務はそこを攻撃するために必要となる部隊を集中させることにあるとした。こうしてこの概念は、軍の教育機関の課程や、最終的にはモルトケなど軍の計画作成者のトップたちにまで広まっていった。しかし、「現実主義者のクラウゼヴィッツ」は、戦闘において敵軍を打倒しても、敵国民の支持が高ければ志気を僅かに下げることぐらいしかできないとするため重心は実に多くの意味、敵軍、首都、そして世論などを示すこととなった。この重心に対する兵力の集中について彼は、「数的優位が、勝利の達成において決定的な要因となる」という教義を示しているが、リデルハートは第一次世界大戦でこの教義がもたらしたおぞましい結果を指摘している。ホイザーは、最後に本章で挙げられたような概念は、世界各国の軍事思想家たちにとって理解しやすいものであったため深く彼らに浸透したと述べている。

第5章では、クラウゼヴィッツに向けられることの多い「無謀な攻勢の提唱者である」という批判や、敵戦力の殲滅や総力戦に関連づけられていることを踏まえてクラウゼヴィッツの本当の立場が論じられる。

攻撃と防御について、クラウゼヴィッツは『戦争論』の中で防御は攻撃よりも強いと記している。しかし、プロイセンではこの防御優勢の教えはあまり歓迎されなかった。例えばシュリーフェンは、戦闘の目的は敵の殲滅を最大限拡大することである、といっている。当時の時代精神は攻撃主義だったのである。これは、「観念主義者のクラウゼヴィッツ」が敵戦力の殲滅を強調していたからである。しかしこの時でも「現実主義者のクラウゼヴィッツ」は防御の重要性を論じ、「包囲」や「側面機動」など、いわば「間接アプローチ」も想定していたのである。この敵軍の殲滅という戦争の狙いは次第に戦争の目的そのものと同一視されるようになり、第一次世界大戦となるのである。

総力戦について、クラウゼヴィッツ自身の著作の中には「総力戦」という文字は出てこない。しかし、ホイザーは、若い頃のクラウゼヴィッツは、その到来を予期していたように思えるという。それは、クラウゼヴィッツ自身の「建白書」という覚書の中で「国民同士が戦うものであり、その国民の中に王と軍隊が含まれる」と記されているからである。しかし、『戦争論』では「絶対戦争」と表現された。

ここからエーリヒ・ルーデンドルフ(Erich Ludendorff)に代表されるクラウゼヴィッツの時代は終わったというような議論に発展する。

第6章では、クラウゼヴィッツを誤読せずに正確に捉え、なおかつそれを独自の理論に発展させた人物として、「現実主義者のクラウゼヴィッツ」を海洋戦略に応用したジュリアン・コーベット卿(Sir Julian Corbett)と国民党に対する内戦で勝利を収めることに成功した、毛沢東の二人を紹介している。

コーベットは、クラウゼヴィッツの「限定された戦争の狙い」というアイディアの欠陥を鋭く指摘した。彼は、「限定戦争」が恒常的に可能なのは、島国、もしくは海によって隔たれた国家同士だけであり、しかも限定戦争を望んでいる国家が離れたところにある土地を隔離できるぐらいに海を支配(制海)できるだけでなく、相手国が自分の領土へ侵攻してくるのを不可能にした場合だけだとしている。こうしてコーベットは、クラウゼヴィッツのいった「偶発性によって限定された戦争」――二カ国以上の国家間で争われる無制限戦争における限定された介入――こそがイギリスの強さであったと結論づけ、現代でもあてはまる独自の理論体系を発展させた。

クラウゼヴィッツ式の考え方が継承者によって拡大されたもう一つの分野として、小規模戦争、もしくはゲリラ戦が挙げられる。彼が使ったのは、「国民の武装」「国民戦争」、そして「小規模戦争」であった。これら国民戦争についての考えを新たな高みまで導いたのは、共産主義系のクラウゼヴィッツの継承者たちであった。その中でも毛沢東は、クラウゼヴィッツと同じように動員された大衆を正規軍の補完的な存在としつつ、クラウゼヴィッツのアイディアをやや発展させ、戦いを「動員された人民の抵抗」という段階から正規軍による戦いの段階へと徐々にシフトさせた。クラウゼヴィッツと毛沢東の違いは、拠点や基盤についての考え方であり、クラウゼヴィッツにはその考えはなかった。

第7章では、冷戦時代の核戦略、そして現在も大きな意味をもつエスカレーションや限定戦争などの考えの発展に、クラウゼヴィッツがいかに関与してきたのかが論じられる。西洋のほとんどの戦略家たちは、かなり早い段階で「核戦争は政治の合理的な継続とはならない」という結論にたどり着いていた。このことは、「核兵器がクラウゼヴィッツの戦争観を歴史的な思想の一部とした」と論じる立場と、その反対に「核兵器は大規模戦争を避けることを狙った国家の合理的な政策のためのツールである」と強調する二つの議論を生み出した。そして世界が「相互確証破壊」から

「抑止」という教義に移行する中で西洋の政治家たちの典型的な主張として挙げられたのは、「核時代には、戦争はこれまで以上に政治的考慮によって制御されなければならない」というものだ。同時に「核戦争は不測の出来事や誤解から発生し、小さな衝突からエスカレートする可能性がある。」という危険性も認識されるようになった。すでに「現実主義者のクラウゼヴィッツ」は、これらエスカレーションの考えを第一篇で指摘していた。

一方で朝鮮戦争の勃発により、核時代の「限定戦争」に関する議論が広まる。朝鮮戦争は、ヨーロッパの状況とは無関係な形の局地戦争のまま推移したので、戦略の専門家たちはこの現象を説明するためにクラウゼヴィッツ、とりわけ「現実主義者のクラウゼヴィッツ」の言葉を読み直したのである。そして、「政治的目的の機能、軍事手段、そして政治的意図」という戦略の分析が、二十世紀の限定戦争の発展を理解する際に応用できることを学ぶ。一方、ベトナム戦争は、アメリカにとっての限定戦争の実例であると同時に明白な失敗例であった。ここでもクラウゼヴィッツの考えが見直されることになった。ハリー・サマーズ(Harry G. Summers)元米軍大佐は、ベトナムの失敗をクラウゼヴィッツの三位一体の不完全に求めている。ホイザーは、このように冷戦時代にも大きくクラウゼヴィッツが関与したことを示している。

第8章では、本書の全体を振り返りつつ、クラウゼヴィッツの概念の有用性やその過信の危険性について論じられる。「観念主義者のクラウゼヴィッツ」から「現実主義者のクラウゼヴィッツ」へと変化する中で彼が案出した「戦争の本質は不変であるが、現実の戦争はすべて異なるものであり、戦争はまさにカメレオンである」という分析に垣間見えるクラウゼヴィッツの迷いとその不完全さは、現代でも「戦略と国際関係の基本構造は決して変化しない」と考える国際関係論の「現実主義者」(リアリスト)たちや、「戦争と戦略は政治的な狙いの働きである」と考え、それは異なる文化や価値観、脅威認識、状況の独自性によるものだと強調する者たちの二つの議論を生み出している。また、クラウゼヴィッツは、「普遍的に応用できる単純な原則」を生み出すことは出来なかったが、その原則の一部となるような、数多くの「変数」を正確に特定した(本文では詳しく六項目にまとめている)。この変数がわれわれに戦争をどのように考えるべきかの知恵を与え、他の変数を見つけやすくしてくれた。後世の戦略家たちはこれをもとに自らの議論を構成したり、明確にすることが出来たのである。ホイザーは最後にクラウゼヴィッツがわれわれの戦争についての理解に対して与えた功績は無視出来ないほど大きなものであり、彼以降の戦略家たちが当然のように模倣し続けている理想的なモデルとなっていると指摘する。

三　本書の評価

入門書とはいえなかなか難解な四〇〇頁近い本書は、最後の訳者あとがきでその分フォローされている。本書評の一部にも活用したが、著者であるホイザーの紹介、ホイザーと訳者の関係、本書を執筆するに至った経緯、本書の概要・特徴などがコンパクトにまとめられている。以下、評者の視点から見た本書の大きな成果、気になった点について述べてみたい。

まず、大きな成果の一つ目であるが、何といっても「観念主義者のクラウゼヴィッツ」と「現実主義者のクラウゼヴィッツ」に区分して整理されている点であろう。多くのクラウゼヴィッツに関する先行研究は、本書でいう『戦争論』には二人のクラウゼヴィッツが潜んでいるという背景を考慮せず議論していたために、多少なりとも思考上の混乱を生じていたような印象を受ける。そういうことからも『戦争論』の各記述が「観念主義者としてのクラウゼヴィッツ」として書かれているのか、「現実主義者としてのクラウゼヴィッツ」として書かれているのか、どこが不完全なのか、この大枠を押さえて読むことの重要性をこの本は教えてくれる。さらに「現実主義者のクラウゼヴィッツ」として修正された『戦争論』には戦いの道徳性やその政治的狙いの正当性・非正当性といった決定的に重要な面が論じられなかったために、『戦争論』は大きな欠点を抱えていることもしっかりと主張している。だからホイザーは、総ての読者に対してクラウゼヴィッツの言葉は確かに鋭いが、無批判な賛美をするなと忠告しているのである。

二つ目の成果としては、現代に通じる『戦争論』の重要な論点を幅広く、かつ歴史的に順序立てて議論したことであろう。つまり、ホイザーの語学能力を駆使して幅広く、かつ多数の著名な政治家、軍人（思想家）、戦略家、研究者等の文献、論文等を引用して議論されていることである。そしてこの議論を通じて、限定戦争、核戦争、エスカレーション、非対称戦、海洋戦略に至るまで議論を拡大し、最終的に二十一世紀におけるクラウゼヴィッツの有効性を説いたのである。

こうした優れた成果をもつ本書に対して高望みの感もあるが、評者の視点から気になった点を記しておきたい。

本著を読んだ印象としては全体を通じて目次の項目に基づき論点、論理構成などは明確なのであるが、その議論自体が非常に難解な印象を受けるのである。当然、生きた時代、国、価値観等の異なる政治家、軍人、戦略家などの文献、論文から引用してホイザーが一つの論点に基づき組み立てているのであるから整合性をとることの難しさが生じるのは致し方ないことである。しかし、あるものは抽象的となり、あるものは文章として長文となり、これはもちろん評者の能力にもよるのであるが、一度読んだだけでは理解が困難なものが少なからずあった。特に第7章に見られるのだが、議論が収束せず、その行方がどうなったのか、著者が何をいいたいのか理解が難しい部分もある。もう少し読者の立場に立って理解容易なものに嚙み砕く(当然本文ではされてはいるのだが)、もしくは訳者あとがきでフォローした方が入門書というからには親切であると思われる。また、具体例の活用も理解を容易にする一つの手段と思う。

次に第4章のクラウゼヴィッツが提唱した戦争の概念、軍事的天才、重心、集中、意志の力、戦力の経済性、摩擦とチャンス、の説明が不十分ということである。この章では、これらを検証しているが、他の章に比べ議論が不活発なような印象を受ける。例えば、軍事的天才についての議論は、他の論者たちにもインスピレーションを与えている、というところで終了してどうも歯切れが悪い。また、重心、摩擦などについては、二人のクラウゼヴィッツの中でどのように考えられたのか、またそれがどのように歴史的に発展していったのかなどのさらに深い議論が欲しいところである。

以上、若干の指摘を行ったが、これらは訳者あとがきでも一部触れられていることであり、本書の価値の大きさはいささかも損なわれるものではない。縷々述べたが、本書は、『戦争論』を正しく解釈し、正しい読み方のポイントを教えるという本書の狙いを十分に満たし、かつ、クラウゼヴィッツ研究に一石を投じる優れた入門書であるといえるであろう。

(芙蓉書房出版、二〇一七年、A5判、四〇〇頁、本体二九〇〇円)

(陸上自衛隊幹部学校)

小川　雄『徳川権力と海上軍事』

金澤裕之

本書は徳川権力を中心に、十六世紀後期から十七世紀初頭にかけての海上軍事（著者の用いるところでは、海上戦闘、沿岸防備、水軍編成などを包括した用語）について検討した論文集である。

本書が刊行された二〇一六年、この分野では山内譲氏の『豊臣水軍興亡史』も上梓されており、評者も本誌第五十二巻第四号において、初学者の入門書としても有用な一冊と紹介したところである。

一方、本書は、水軍研究の泰斗によって著された『豊臣水軍興亡史』とは異なり、新進気鋭の若手研究者である著者が、これまで積み上げてきた研究成果をまとめた重厚な労作である。日本の水軍史研究が、ほぼ時を同じくして好対照なこの二冊を得たことは、研究者層の厚みを感じさせる、喜ばしい出来事である。

まず序章「徳川権力の海上軍事をめぐる課題」では、国衆、戦国大名、豊臣大名、中央政権という段階を踏んで発展していった徳川氏を研究対象とすることで、それぞれの階層、権力と海上軍事の関係を網羅的に検討できるという研究上の意義を述べている。また、「軍事的運用を目的として編成された船団」である水軍について検討するにあたり、「軍事を伴う海上活動を存立の主要基盤とする家」である海賊との差別化を図るために「海賊」「海賊衆」の語を避け、千野原靖方氏が提唱する「海上軍事」という用語を用いるとしている。こうした概念整理のあり方については、後段で論じることとしたい。

第1部「戦国期東海地域の大名権力と海上軍事」では、駿河今川氏、甲斐武田氏、尾張織田氏を事例に、伊勢湾から駿河湾にかけての東海地域沿海の大名権力による海上軍事の編成、運用を検討している。

第1章「駿河今川氏の海上軍事」では、永禄末年にその領国体制が崩壊したため史料に乏しく、検討が困難とされてきた今川氏の海上軍事体制の解明を試みている。著者は戦国時代初期から整備されてきた今川氏の海上軍事が、「惣海賊」と称される各階層からの船舶動員体制に発展し、それゆえに特定の氏族に海上軍事を依存する体制にならなかったと指摘する。その上で、給人、寺社を含む広範な層からの軍事動員という方法は、今川氏の領国拡大と共に遠江、三河へも浸透しながらも、今川氏の領国を獲得した武田氏、徳川家は伊勢海地域の海賊を自らの海上軍事の主軸に据えたため、今川氏の精緻な船舶動員体制が引き継がれなかったと論じている。

第2章「甲斐武田氏の海上軍事」では、元来沿海の領国を持たなかった武田氏が、駿河侵攻以降、北条氏・今川氏との戦争や徳川氏との緊張状態を前提として海賊衆を編成し、海戦で徳川氏・北条氏を圧倒する規模に拡充させていく過程を検証している。武田氏麾下の海賊衆が、清水、沼津などの重要港湾を共用し、久能城、江尻城といった武田氏の支城と連携しつつ、船舶の繋留・整備、森林資源の利用に適した地域を知行して海上軍事拠点としたとするなど、海賊衆の活動を支えたシステムを明らかにしている。

第3章「武田氏の駿河領国化と海賊衆」では、武田氏の海賊衆編成が、伊勢海賊の招致と駿河国人衆の動員を軸としたこと、本来、内陸部で領国を形成したために海上軍事体制を作り上げることが難しかった武田氏が、その両面において駿河岡部一族に大きく依存していたことを明らかにしている。

付論「武田氏海賊衆における向井氏の動向」では、先行研究において、小浜氏が武田氏海賊衆の中心的存在として論じられてきたのに対し、同じく武田氏海賊衆として活動した向井氏の動向について検討している。徳川氏との戦争が迫る中で、伊勢から招致された向井氏は、武田氏水軍衆の中では兵船の運用や造船といった海賊衆としての実力において小浜氏に及ばず、そのことが向井氏の大名権力への依存性を高め、武田氏滅亡後は徳川氏との結びつきを強めたことで、結果的に江戸幕府の海上軍事体制で小浜氏を越える地位を勝ち得たとしている。

第4章「尾張織田氏の海上軍事と九鬼嘉隆」では、志摩の海賊衆九鬼氏の動向を中心に、織田氏の海上軍事を論じている。第1～第3章及び付論「武田氏海賊衆における向井氏の動向」では、戦国大名が海賊衆を編成して自らの海上軍事体制を構築していく過程を分析しているが、この章では、志摩の国衆九鬼氏の庶流である九鬼嘉隆が、織田信長・北畠信雄父子という上位権力と結びつくことで九鬼氏宗家から惣領の地位を奪い、志摩国衆への軍事的主導権を確立し、織田政権の解体後に織田氏・北畠氏への従属関係を解消した後、豊臣政権下で領域権力(大名家)へと成長する過程を検証している。特に、九鬼嘉隆が織田氏家中に参入することで志摩国衆の中で台頭する一方で、織田氏は第二次木津川口海戦などで九鬼氏の海上軍事力を利用しつつ、あくまで九鬼氏を海上直轄軍の統括者に留め、織田大名へ成長させようとはしなかったという両者の関係は興味深い。

第1部の各章は、東海地域を領有した各戦国大名の海上軍事の検討であると同時に、後に徳川氏の船手として活躍することとなる海賊衆の検討でもあり、いわば徳川権力の海上軍事の前史とも言うべき役割を担っている。

第2部「徳川権力の海上軍事と伊勢海地域・瀬戸内地域」では、徳川氏が国衆、戦国大名、豊臣大名、全国政権と発展していく十六世紀から十七世紀にかけて、伊勢海地域、瀬戸内地域を支配下に置いていく過程で、海賊衆、沿海部を領有する国衆などと主従関係を結び、海上軍役を課していく状況を検討している。

第5章「徳川権力の海上軍事と知多千賀氏」では、知多半島の海賊衆千賀氏が、朝鮮出兵への対応や、関ケ原合戦以降の伊勢海地域における海上軍事体制構築を通じて、徳川氏の海上軍事体制に参入していく過程を明らかにしている。伊勢湾・三河湾の結節点を領する千賀氏は、伊勢海地域への影響力行使を志向する徳川氏の庇護を受け、徳川氏の関東移封に従ってその海上軍事を統括する三崎衆の一員となる。関ケ原合戦後には、知多半島の旧領に復帰して尾張徳川家に付属されるが、これは徳川氏が伊勢海地域を掌握する一環の処置であったと著者は論じる。

第6章「徳川権力の海上軍事と幡豆小笠原氏」では、海賊としての由緒を持たない三河の国衆幡豆《はず》小笠原氏が、徳川氏から課せられた海上軍役に対応していくことで、海上軍事に係る実力を備えるようになり、幕府の船手頭として活躍するようになる過程を明らかにしている。著者はこの一連の動きを、徳川氏が海賊衆にその軍事力を提供させる体制から、自ら海上軍事力の編成を主導する体制へ転換させていった過程と捉える。

第7章「徳川権力と戸川達安」では、備前宇喜多氏の旧臣戸川達安が、関ケ原合戦で宇喜多氏領国が解体された後、備中へ所領を与えられ、岡氏、花房氏などの宇喜多旧臣と共に「備中組」と称される軍事集団を形成、大坂の陣に際して海上戦力として動員されていく状況から、慶長年間の徳川氏が西国へ支配を及ぼしていく過程を論じている。ただし、著者は戸川達安を能島村上氏と同じような海上勢力と評価することには慎重であり、武田氏海賊衆における駿河岡部氏のように、沿海地域を領有するがゆえに上位権力から海上軍役を要求された事例として捉えている。

第3部「十七世紀以降の徳川権力の海上軍事と国際外交」では、徳川氏による大坂湾の海上軍事体制構築の過程や、海賊衆または沿海部の領主の系譜を引かない氏族が船手頭に任ぜられ、徳川氏の海上軍事を担当する、著者の言うところの海上軍事官僚が創出されていく過程を論じている。また、それと同時に、いわゆる「鎖国」と呼ばれる対外政策の形成と、船手頭向井氏が参画した浦賀貿易との関係を論じるなど、全国政権となった徳川氏と海上軍事の関係を検討している。

第8章「徳川権力の海上軍事と大坂船手小浜氏」では、関ケ原合戦後、全国政権となった徳川氏が、大坂湾で海上軍事を運用するようになり、更にこれを西国方面へ及ぼしていく過程を検証している。徳川氏は初め大坂に幡豆小笠原氏を配置し、小笠原権之丞の改易後は、江戸の船手頭の中から小浜光隆を大坂船手に起用、大坂湾、淀川、そして西国方面の海上軍事を担当させた。幡豆小笠原氏と小浜氏は、共に伊勢海地域を出自とする国衆、海賊衆であり、著者はこの点に大坂湾海上軍事体制における織田政権との連続性及び豊臣政権との断絶性を指摘する。また、こうした大坂湾海上軍事体制の構築を通じて、徳川氏は優れた船大工・水主が多数居住することで大坂に蓄積されていた、高度な造船・操船技術を掌握できるようになったとしている。この時期に確立された徳川氏海上軍事の江戸・大坂二極体制は、徳川権力に日本列島に跨る全国政権と、江戸を中心とする領域権力の二面性があったことを端的に示すものであり、単なる海上軍事の枠を越えた、徳川権力そのものの検討に繋がる考察であると言えよう。

第9章「徳川将軍家の海上軍事と船手頭石川政次」では、徳川氏が海賊衆や沿海部の領主の系譜を引かない海上軍事氏族を創出した事例として、石川八左衛門家を取り上げている。慶長期から寛永期にかけての石川八左衛門家当主である政次は、徳川家光により使番から船手頭に起用されるが、政次自身はもとより、石川八左衛門家自体が海上軍事に携わった経験を有さない家であった。石川政次は船手頭就任と共に安房館山へ知行を与えられ、海賊衆としての歴史を有する向井氏、小浜氏と共に海上軍事に従事するようになり、更には山田奉行へ転じて伊勢湾の海上軍事を担当するようになる。著者はこの動きを、元来海賊衆と水主同心との間に結ばれていた主従関係が解体され、将軍が船手頭へ水主同心、船舶を「御預」するシステムが創出された結果、石川八左衛門家のような、元来海上軍事に関するノウハウを持たない旗本でも、船手頭として活動することが可能になったとしている。更に著者は、石川政次の船手頭起用を、徳川権力による海上直轄軍団確立の画期と捉えているが、ここでマイケル・ルイスが唱えた近代海軍の定義「国家の所有に属した恒久的な組織で、国家の支出により維持される、海上を活動の舞台とする軍事力」を想起すれば、徳川権力のみならず、日本の海上軍事史にとって大きな画期として捉えることができるだろう。

第10章「慶長年間の浦賀貿易の実態」では、徳川家康が試みた浦賀でのスペイン貿易が、一定の成果を得ながら短期間で挫折していく過程を検証している。生糸をはじめとする繊維製品を大量に国内へもたらすことで政権の正当性を補強できる徳川権力、銀、軍需物資を確保できるスペイン領ルソン島、双方にとって浦賀貿易は有益な通商ルートであったが、著者はオランダ人の日本市場参入を日蘭同盟の締結と判断し、経済制裁の実施を企図したルソン総督府、キリスト教禁教へ傾斜していった徳川権力、相互不信の連鎖が浦賀貿易の頓挫に繋がったとしている。また、この浦賀貿易には、船手頭として三浦半島を知行する向井氏が、徳川家康の外交顧問ウィリアム・アダムス、フランシスコ会修道士ルイス・ソテロと共に参画し、三者の連携は、仙台藩伊達氏の遣欧使節事業にも繋がったと論じている。

付論「岡本大八事件試論」では、戦国時代から江戸時代初期にかけての海上軍事を論題としてきた他の章とは異なり、江戸幕府がキリスト教弾圧に転じる契機となった岡本大八事件の検証を行っている。肥前有馬氏の旧領回復運動に、イエズス会士や政権内のキリスト教徒の介在を疑った徳川家康が、キリスト教への不信感を決定的なものとしたとし、岡本大八の詐欺行為を事件の発端として強調する『駿府記』などの言説は、家康の養女（曽孫）国姫の婚家である有馬氏の改易を回避するために作為されたものであると論じている。

以上、各章の概要を紹介してきたが、本書の一番の特徴は、何と言っても、これまで別個の問題として論じられてきた戦国時代の水軍と江戸時代の船手を、海上軍事という概念で連続性をもって検証した点にある。この両者に跨る存在として徳川氏に着目したのは著者の慧眼と言うべきだろう。徳川氏が国衆、戦国大名、次いで豊臣大名として活躍した戦国・織豊期、征夷大将軍として全国政権を確立した近世期、この五〇年程度の短い期間の中で研究が断絶していた状況は、古代、中世、近世、近代の時代区分論の中で住み分けを行い、結果として研究の蛸壺化が進んだ日本史研究の問題点を如実に表していると言えよう。それは日本の近代海軍建設を巡る研究が、近世史側と近代史側で相互に交わることなく行われていた状況とも似る。こうした十六〜十七世紀における海上軍事研究の断絶を、一つの線として繋いでみせた著者の功績は大きく、中長期的な視点に立った本書は、この分野全体の発展を促す試みであると評価できる。

二つ目に挙げられるのが、本書の叙述、分析には広範な史料を渉猟した成果が随所に取り入れられており、著者の誠実な努力の形跡が垣間見られる点である。論理の飛躍や安易な史料解釈を排した手堅い研究手法は、若手研究者のあるべき研究姿勢として他の模範となるものであろう。

最後に、今後の著者への期待を込めて、評者が感じた本書の課題を三点ほど指摘しておきたい。

一つ目は、著者の海上軍事へのアプローチである。著者は立論にあたり、この時代に海上を舞台として軍事、経済と多面的に活動した「海賊」「海賊衆」と、その活動範囲を軍事面に特化させた水軍との区別を図ることを目的として、「海上軍事」という用語を採用している。時代の古今、洋の東西を越えた普遍的な軍事概念で言えば、海軍（navy）もしくは海軍力（naval power）とは、人類の海洋利用を最も包括的に表す概念である海事（maritime）の軍事的側面である。どのような分野を研究正面にするにせよ、およそ海軍、海上軍事を論じる者は、常に自分の研究対象と海事との関係、距離感を意識しておく必要がある。評者は以前、幕末期の海軍建設を論じるにあたり、日本には中世以来、軍船を平時に海運をはじめとする経済活動に従事させる「海軍と海運の一致」とも言うべき発想があり、それが幕末期の海軍建設理念に影響を与えたこと、そしてそれは軍艦と商船の船体構造が分化する十六世紀以前のヨーロッパ世界でも見られた現象であることを指摘した。海上関銭などの経済活動を含む多面的な活動を存立基盤としてきた日本の海賊から、軍事的機能のみを抽出し、他の側面を捨象すると、日本における海上軍事に対する総体的な理解からかえって遠ざかってしまう恐れはないだろうか。

二つ目は、作戦戦闘をはじめとした軍事情報の提示についてである。本書では、海賊衆の戦闘行動、陸上拠点との連携などが詳細に叙述されている。それらはいずれも丹念な史料の分析によるもので、本書の大きな成果であるのだが、こうした場合に必要不可欠となるのが、地図、表などによる情報の整理・提示である。特に本書では浦、湊単位にまで叙述が掘り下げられており、史料の紹介のみならず、それぞれの局面に応じた地図・海図が提示されていれば、読者の理解を大きく助けたであろう。本書の叙述が緻密であるだけに惜しまれるところである。

三つ目が、軍事に係る用語の使い方である。これは本書に限らず、日本史の分野で軍事を取り扱う際、しばしば見られることであるが、軍事もしくはこれに関連する分野で、多年にわたって積み上げられてきた議論や定義が踏まえられないまま、明確な根拠のない定義の設定や、本来の意味から外れた用語の使用が行われることがある。例えば、本書中にしばしば登場する「海上封鎖」は、封鎖法に規律される国際法上の行為であり、国家の交戦権に属するとされている。その実施にあたっては封鎖宣言とその告知という手続を必要としており、歴史的に見ても、本書の検討時期と同時期である一六三〇年に、オランダが当時スペインの支配下にあったフランダース地方に封鎖宣言を行った事例がある。そうした同時代の事例の存在を考えてみても、この時期にヨーロッパ法を受容していなかった日本国内での軍事行動に対して、安易に使用して良い用語ではない。それが海上封鎖の要件を満たしていなければ尚更である。また、「大破」は本来、艦船、車両、航空機といった個別の装備、あるいは構造体が被った損傷に用いられる用語であり、特に海軍では「中破」「小破」と共に艦の損傷レベルを区別する用語である。ところが、本書では大破が敵艦隊を撃退する意味で用いられるなど、不用意な軍事用語の使い方が散見されると言わざるを得ない。近年では歴史や法律の事例研究としてではなく、軍事やシー・パワーそのものを対象とした研究書が日本語でも数多く出版されている。本書に限らず、文献史学の分野で軍事を取り扱う研究者には、是非ともそうした社会科学分野の研究成果を取り入れて頂きたいと願うところである。

ただし、これらの点を差し引いても、本書が中世・近世史の水軍研究を前進させる重要な研究書であることに変わりはない。著者が長らく軍事研究をタブー視してきた日本史、わけても文献史学研究の世界で軍事の側面に着目し、研究成果を積み上げてきたことには心からの敬意を表するものであり、更なる活躍を期待している。今後は是非とも軍事そのものの研究成果を踏まえ、海軍という世界に共通した軍事概念の中で日本の水軍を相対化させていってもらいたいと考えるところである。今後もこうした中世と近世の水軍を繋ぐ緻密な実証研究が蓄積されていくことを期待する。

（岩田書院、二〇一六年、A5判、三九六頁、本体八〇〇〇円）

（防衛省防衛研究所）

金澤裕之『幕府海軍の興亡――幕末期における日本の海軍建設――』

竹本知行

本書はペリー来航を契機に海軍建設論が頻出するようになった嘉永六（一八五三）年から幕府海軍が解体される慶応四（一八六八）年までを対象に、日本の海軍建設過程の実態を解明することを目的にしている。「幕末」において、海防は我国の安全保障上の最大関心事であった。そのため、幕府だけではなく諸藩でも海軍建設の試みは積極的になされた。しかし、幕府海軍は諸藩のそれとは異なり、「近代海軍の端緒」と言い得るものであったと著者は指摘する。そのような幕府海軍を取り上げるのはなぜか、その理由はこうである。第一、幕府海軍のみが一元的日本国家を代表する海軍として活動していた点。第二、幕府海軍から近代海軍への転換を志向した点。第三、幕府海軍の士官が維新後多数帝国海軍に出仕し、その黎明期を支えている点。第四は、それらの理由にもかかわらず、幕末期の海軍建設に関する諸問題が等閑視されてきたという研究

上の問題点の存在である。
そもそも「近代海軍」という語はどのようなものを表しているのだろうか。著者は「海軍」を「海事（maritime）」の軍事面を構成する概念であることを述べつつ、本書が取り扱う「近代」という概念についても慎重に定義付けを試みながら、本書においてペリー来航による「西洋の衝撃」から幕府海軍の来歴をたどる営みの意義を説明している。
以上のような問題意識で書かれた本書の章立ては、次のようなものである。

序　章　近世日本の海軍力に関する諸問題
第一章　近世日本人の海軍認識――竹川竹斎「護国論」を中心に――
第二章　幕臣勝麟太郎の海軍論――嘉永六年海防建白書を中心に――
第三章　安政期の海軍建設と咸臨丸米国派遣――訓練から実動への転換――
第四章　万延・文久期の海軍建設――艦船・人事・経費
第五章　文久期の海軍運用構想
第六章　元治・慶応期の海軍建設と第二次幕長戦争
第七章　慶応の改革と幕府海軍の解体

以下、内容の一部を敷衍しつつ評者の若干の所見を述べたい。

第一章では、副題にも挙げられている伊勢の豪商竹川竹斎を中心に江戸後期以降の海防論について論じられている。従来の研究では、当時の軍事論が幕府の意思決定過程に関与できない在野の知識人によるものばかりであったかのようにしばしば説明されてきたのに対し、著者は、それらが幕府官僚も含めた当時の「知識人に常識的に共有された問題意識であった」と指摘する。それを踏まえ、商品の海上輸送に関わる商人の存在に着目するのである。商人にとって損益の問題は重要であり、数字はそれをはかる最も大切なツールであることは言うまでもない。そのような商人だからこそ、海防や海軍を論じる際も、理念的ではなくむしろ具体的に「海運」としての利用の可能性まで考慮に入れるのだという筆者の視点は新しい。この章で言及される竹川竹斎は、勝海舟や佐藤信淵の後援者として知られる。勝といえば幕府海軍創設の中心人物であるのは周知のとおりであり、佐藤は嘉永四年に武士による軍務専行主義の限界と近代戦術の導入を訴えた『存華挫狄論』を著した経世家である。竹斎の海防論についての先行研究はこれまでのところ殆どない。このような研究状況に本章は竹斎の「護国論」「老翁ノ勇言」などの著作を取り上げ分析することで新たな知見を提供している。ここから導出される竹川の海軍論の特徴は次の二点である。①航洋能力を持つ軍艦の導入の主張、②軍艦の海運利用による海難防止。ただ、前者では敵艦や私掠船への考慮の不在に見られるように、「太平」の日本の近世経験にともなう発想の時代的な制約が見て取れる。その一方で、後者には海事と海軍を峻別する西洋とは異なり、これらの性格が入り交じった、利潤を軸とする海軍論という発想が見られる点が強調される。これらから著者は竹斎の海軍論は、従来の水軍の概念から海軍の概念に大きく近づいたものである一方で、日本の伝統的なシー・パワー概念の系譜を引き継ぐものであった点を指摘している。

第二章は、竹斎と交流があった勝海舟の幕府海軍創設前夜における海軍論について論じたものである。はじめに勝の家系について、近親者の多くが経済・金融・砲術に関する分野を担ってきたことが明らかにされ、前章との関連性を示唆している。勝がペリー来航に際して提出した建白書では、砲台設置などの戦術的視点のみならず、人材登用、外国交易などの政策論にまで及ぶ総合的な内容に踏み込んでいる。そこに見られる海外交易による利潤によって近代海軍を建設するとの論は、前章で見た竹斎の論と近似しており、両者の交流などから考えたとき、彼らが海軍の建設に関して認識を共有していたとの見解が示される。そして著者は、勝も竹斎と同じく伝統的な海上軍事力概念の延長線上に、海軍という新たな海上軍事力のイメージを描き出しているとし、日本における近代海軍建設が近世の海軍力概念との連続性をもって開始されたという見解を結論的に提示している。

第三章では、「咸臨丸」の米国派遣について、その経緯とその後の日本近代海軍建設に与えた影響について検討されている。本章における幕府海軍全体の問題と関連付けられた「咸臨丸」航海の評価の試みは、その可能性と限界について論じたものであり、本書における「本論」の始まりを読者に示すものとなっている。オランダ人教官による海軍伝習に端を発する幕府海軍の活動は、安政期を通じて、跛行的ながらも次第に海軍行政全般で本格化していった。万延元年の「咸臨丸」派米の結果得られたものは何だったか。著者はそれを「経験の蓄積」という言葉で端的に示している。外洋航海に不可欠の天文航法の獲得は、沿岸防禦主体の海防組織から脱皮する上で、また沿岸航海に限定された水軍組織とは異なる近代海軍の誕生という意味において、重要な意味を持つものであったと指摘する。そのような航海の意義とは、著者によると以下の二点に集約されるという。①近代海軍のモデルの一つとして米海軍の姿を目の当たりにしたことで、海軍建設計画をはじめとする海防構想の雛形が提供されたことの意義。②遠洋練習航海としての意義。これらは、そこでの人材がその後の幕府海軍建設に大きな役割を果たしつつ、一部はさらに維新後も帝国海軍に参画した事実から、幕府海軍が近代海軍の源流の一つであることを強く示唆しながら、一方で「成功体験」が反省や教訓を糊塗したことで「偏頗な軍艦運用能力のまま拡大を続ける」という弊害にもつながったとの指摘を忘れていない。

第四章では、「咸臨丸」成功後の万延・文久期の幕府海軍建設について論じられている。新たに警備・輸送・救難などの諸任務が加わったことで、軍艦方は従来の教育・訓練組織から実動組織へと転換したのである。しかし、需要に対する艦船と要員の不足は図らずも次の要求を結果した。すなわち大規模な海軍建設計画の策定と個人の能力による士官任用である。これらは松平春嶽ら幕府への軍事力集中を懸念する勢力の反対から結局廃案となり、計画を主導した木村喜毅らは軍艦方を去ることとなった。著者はこれを「軍艦方が味わった始めての挫折」と表現しているが、そこに身分制を基盤とする近世の秩序の枠内で近代軍隊を建設することの限界と見ることもできる。そして、その実現は本書第六・七章で検討される「慶応の改革」に持ち越されることとなるのである。

第五章では、幕府が新たに誕生させた海軍に対し、文久期にはいかなる運用構想を抱いていたのかについて、軍艦方作成の海軍建設計画と小野友五郎と勝麟太郎によって著された海防建白書を手がかりに考察されている。従来の台場の研究を主体とした海防史の研究では見落とされがちであったフリート・アクション能力から見た海軍力の運用構想への着目は新味がある。軍艦方提出の建白書の内容は、大坂・江戸の防備を充実させた上で全国的な海軍配備を計画するものであった。もっともその運用計画は台場を中心とした従来の海防理念の延長上にあったものであったが、指揮系統を一元化した中央集権的海軍を明確に志向していた点で画期をなすものであった。しかし、この計画は作成者の木村喜毅が軍制改革の議論に敗れその職を辞したことで挫折に終わった。一方、海軍士官による海防計画としては、小野が台場、軍艦、陸上兵力などを組み合わせた縦深防御を提示し、勝が海岸砲台の補助戦力としての海軍力を論じている。ただこれらは近代的海軍を志向する点で同根であり、違う点があるとすれば幕吏として海軍力の増強を実現するための「政治的」な論理構成の違いとされる。結果として、この時期の海軍運用について、外洋で敵艦隊を迎え撃つという発想は現実味を持ち得ず、能力的にも軍艦は台場の補完戦力という地位から抜け出るものではなかったと結論付けられる。ただし、著者は小笠原諸島回収のために海軍力が政治的に利用された点を指摘し、幕府有司が外交実務を通じて、「従来の沿岸防備のための海軍力という発想の枠を越え、より動的な海軍力の使用を着想していた」とする点は、経験の副作用の事例紹介としており興味深い。

第六章は、木村喜毅が辞職してから幕府海軍が初めて本格的な実践に投入された第二次幕長戦争までの幕府海軍の動向が検討されている。この時期、変則的人事施策ともいうべき出役の任用が行なわれたが、これは人件費抑制という目的があったにせよ、職位が家禄から独立した個人に付与されたことは、近代軍隊の将校制度につながるものであった。勝麟太郎主導下で行なわれた海軍行政として、著者は輸送任務を主眼とした艦船取得、給炭機能確保の模索、徳川家臣団の枠を越えた全国に人材を求めた神戸海軍操練所の設立という三点を挙げている。ただし、これらは幕末の政情に掣肘せられ当初の目的を十分に達成できないまま第二次幕長戦争を迎えることとなった。

本章における記述の中でも出色なのは第二次幕長戦争における幕府海軍の行動の詳細な分析であろう。この戦争については、これまで『防長回天史』などの記述によった陸戦中心の論及が主流であった。著者は、先行研究を踏まえた上で、幕府海軍の仕官としてこれに参加した望月大象の日記に着目し、これらを有機的に関連付けることで同戦争における幕府海軍の動きを立体的に描き出しているのである。これによって導出された著者の結論は、統一指揮官のない海陸統合作戦の実施困難性、フリート・アクション能力の欠如、海軍方の組織としての未成熟などの問題性が明らかになったというものである。そして、商船を転用した艦船がもはや運用に耐えられないことが明らかになったことは、「海軍と海運の一致」という海軍構想が実効性を失ったことを示し、そのこと自体が日本における軍艦・商船未分化の時代の終焉を告げるものであったと結んでいる。

第七章では、「慶応の改革」における海軍建設の状況、鳥羽・伏見の戦いにおける海軍の動向、幕府瓦解に伴う海軍方解体と新政府への移管についての検討がなされている。まず指摘されるのが人事である。これは艦船数の増加が背景にあるが、個人の能力に基づく役職の任用という方向性がこの時期になって規定路線になってきていることを示すと指摘されている。次に鳥羽・伏見の戦いにおいて、今日必ずしも十分に知られていない阿波沖海戦の概要が説明されている。ただし、これも旧幕府・薩摩藩共に個艦戦闘に終始しており、フリート・アクションは行なわれなかったとしている。むしろ、海軍は大阪から江戸への人員・物資の輸送任務において活躍したとの見解を示している。鳥羽・伏見の戦いの後、旧幕府海軍は解体に進むが、最終局面では個人の能力に基づく士官任用の流れが一気に加速し、遂にそれが完成したことを、一次史料を用いて丹念に証明している。

幕府の瓦解によって海軍方の兵力は新政府と徳川家に二分されたが、戊辰戦争を生き残った士官の中から相当数が明治海軍に参画することとなった。著者は『官員全書』を読み解き、明治海軍の中で旧幕臣の割合が薩摩藩出身者の約二倍に達していることに注目し、明治海軍黎明期における幕府海軍の存在の大きさを強調している。このことは、「薩の海軍」というイメージに実証的批判を加えたものであり、注目に値しよう。

また、海軍以外にも旧幕臣たちが新政府のあらゆる部局に出仕していた事実が紹介され、幕府と明治政府の人的連続性も指摘されている。この視点は従来の研究でも部分的にはあったが、海軍局の人員の「その後」を詳密に追った著者の労を見て取れる。

以上の分析を通じての本書の要点は、次の点に集約できる。すなわち、幕府海軍の建設期に見られる、近世から近代へ向かう過渡的な人事制度の変容、軍艦運用能力の向上・フリート・アクション能力の獲得への試みへの着眼と、そこから導出される幕府海軍と帝国海軍との連続性の検証である。著者は、これまで不明な点が多かった幕府海軍の実態を思想、制度、運用、人事において丹念に調査することよってそれを実証している。特に、改変のめまぐるしさから混乱が生じている職制のありようについて詳細かつ瞭然に整理されていることは、今後の研究者にとって幸いである。また、本書における軍艦運用能力やフリート・アクション能力に関する冷静な分析は、海上自衛隊の現役自衛官としての著者の知見が十分に活かされており、本書の特長の一つである。

評者の関心から言えば、封建体制における身分的上昇が近代的軍制の実現を証明している点などは、幕府に限らずこの時期の軍制近代化の特徴を示しており、説得力を感じた。身分制からプロフェッショナリズムへの移行（志向）という問題は陸軍にもいえる。幕長戦争や鳥羽・伏見の戦いにおける幕府（旧幕府）軍の敗因にもつながるもので、興味深かった。

本書における言外に語られる意義の一つは、従来薩摩海軍との関連性が強く主張されていた日本海軍の源流に幕府海軍を位置付けたことではないだろうか。だとすれば、安政・文久・慶応期の幕府の改革は、諸藩の軍制改革も刺激したわけで、その時期の薩摩藩の軍制改革の動向にも少しでも触れたならば、本書の独自性をより強調できたのではないか。定義・分析レベルを統一しつつ、薩摩海軍の建設過程との比較をしてみても面白い。著者の今後の研究に期待したい。

本書は、先行研究に謙虚に向き合いつつ、さらに広範な史料を駆使して当該テーマに関する研究の地平を大きく広げた、著者の研究者としての良心に満ちた良書である。ともすればイメージで語られがちな幕末・維新史に実証的に切り込んだ本書は、この時期を対象とする研究者にとって必読の書と言えるだろう。

（慶應義塾大学出版会、二〇一七年、Ａ５判、二九六頁、本体六五〇〇〇円）

（大和大学）

新入会員（平成二十九年十二月～平成三十年三月）

加藤　くに子　　玉川　博己　　土屋　貴史
福本　慧　　星野　健一

文献紹介

ハーバート・フーバー著
ジョージ・H・ナッシュ編
渡辺惣樹訳

『裏切られた自由――フーバー大統領が語る第二次世界大戦の隠された歴史とその後遺症――』（上）（下）

本書を繙く読者は、学校で教わる歴史とは全く異なるそれに接するであろう。戦後世界に広まった「戦勝国史観」（いわゆる「ルーズベルト史観」）とは全く違う歴史である。元大統領ハーバート・フーバー（一八七四～一九六四）は、真珠湾攻撃後、ルーズベルト大統領の外交政策とりわけ対日政策に疑問を感じ、九十歳の天寿を全うし世を去るまでの余生を史実の調査研究に費やした。本書はその研究成果である。

フーバーは、実業界の大成功者であった。鉱山技師・経営者として手腕を発揮し、第一次世界大戦までに巨額の資産を築いている。一方で人道支援にも熱心であり、飢餓に襲われた欧州諸国への食糧援助、在欧米人の本国送還に尽力した。その後政界入りした彼は、ハーディング、クーリッジ両政権で商務長官を務め、一九二九年第三十一代大統領に就任。しかし、在任中に起こった大恐慌に対処し切れず大統領選でルーズベルトに敗れ、失意のうちに退陣を余儀なくされた。

彼は、米国の欧州大戦参戦に反対だった。それは共産主義勢力の拡大を招くのみと考えたのである。ルーズベルトのスターリン援助を苦々しい思いで眺めていた彼は、独ソ戦についても「米国は関与すべからず」の姿勢を貫いた。その彼の眼に、日本海軍の真珠湾攻撃はいたく奇妙なものに映る。日米開戦の経緯に疑問を抱いた彼は、ルーズベルト政権の対日外交を再検証する必要性を感じた。

本書下巻（五二九頁～）に収録された「ルーズベルトが七年間に犯した一九の失策」（一九五三年）は、フーバーの研究成果を簡潔に要約した文書である。その要目は「一九三三年の世界経済会談、一九三三年にロシアを承認した失策、ミュンヘン協定の解釈、英仏のポーランド・ルーマニアに対する独立保障（一九三九年）、アメリカの宣戦布告なき戦争行為、黙って見ていなかった罪（註：武器貸与法を運用制限すべきだった、の意）、スターリンとの同盟、対日経済制裁の失敗、近衛（文麿）の和平案の拒否、三カ月の敵対行為停止提案の拒否、無条件降伏要求、バルト諸国・東部ポーランドの犠牲容認（一九四三年十月、モスクワ）、テヘラン会談とさらに七つの国の犠牲、ヤルタ会談での秘密協定、日本の講和要請の拒否（一九四五年五月から七月）、ポツダム、原爆投下、毛沢東に差し上げた中国、第三次世界大戦の種、結論」と、当該期の外交政策全般を含む。スターリンのソ連を同盟国として援助したことが共産主義の世界への拡散、米国の負担増大に繋がったという、ルーズベルト、トルーマン政権への痛烈な批判である。

この浩瀚な研究成果が公表されたのは、フーバーの没後であった。訳者は巻末の解説で、本書の内容評価は読者に委ねるとする一方、読者に対しては「自ら調べ考えて欲しい」と述べている。本書はいわゆる「修正主義史観」に基づくものだが、歴史修正主義は史実の合理的解釈を願うものであり、決して「ためにする歴史観」ではない、修正主義というレッテル貼りで自由な議論を封じてはならない、あくまでも学問的反論で対抗せよ、というのが訳者の主張である。

精読に値する著作であるが、何といっても大作である。読者はまず、訳者が執筆した『誰が第二次世界大戦を起こしたのか——フーバー大統領「裏切られた自由を読み解く」——』（草思社、二〇一七年）に目を通し、本書の概略を頭に入れてから読み進めた方がよいかもしれない。

歴史研究の醍醐味を味わえる本である。

（草思社、二〇一七年、Ａ５判、上巻七〇四頁、下巻五九二頁、上下巻共に本体八八〇〇円）

（池田直隆）

飯倉章

『第一次世界大戦史——風刺画とともに見る指導者たち——』

飯倉章

『一九一八年最強ドイツ軍はなぜ敗れたか——ドイツ・システムの強さと脆さ——』

第一次世界大戦百周年が二〇一八年に終わる。二十世紀初めに世界を揺るがせた大戦争であるが、主戦場はヨーロッパであり、日本がかかわったのは東アジアのドイツ利権奪取や連合国（協商国）への兵站の支援に限定されていた。そのため日本における本戦争に関する書籍の出版は欧米に比べると少なく、しかも翻訳書が多かった。それも一段落を迎える中で、著者は精力的に二冊の新書を出版している。

『第一次世界大戦史』は、著者の得意とする風刺画で戦争をみるスタイルである。ドイツ・オーストリアの同盟国が描くカイザーやヒンデンブルクは凛々しく、逆にロシアのツァーリや英外相は貧相である。一方、フランス・イギリス・ロシアの連合国（協商国）の戦況が好転すると、自らの将軍たちが独墺の兵士を蹴散らす様子が挿画ニュースに掲載される。米・仏の描くヒンデンブルクは、憎たらしさが強調されている。ただし相手を単に卑しめるのではなく、皮肉やペーソスをきかせており、笑いを誘う。風刺画を見れば、どの国も身内贔屓なのがよくわかって楽しい。くわえて第一次世界大戦がどの国に偏ることなく概観されており、わかりやすい。

『なぜ敗れたのか』は、第二帝国時代のドイツが強国となった原因を「ドイツ・システム」と定義する意欲的な試みである。そのシステムとは、皇帝・宰相・参謀総長という三者鼎立のバランスがとれているうちは、国家指導がうまくいって強大な軍事力を誇示できる。だがバランスが崩れると国家戦略が硬直化し、軍事的暴走を抑えられなくなるという仮説である。本来ならばヴィルヘルム二世と宰相が、参謀総長ヒンデンブルクと次長のルーデンドルフとスクラムを組むはずなのに、陸軍指導者二人の無謀な軍事行動を抑制できなかった。一九一八年鼎立に齟齬をきたした結果として、第一次世界大戦を有利にすすめていたドイツが、連合国に敗北したという結論になる。いささか単純化しすぎではないかという懸念もあるが、強大な軍事力を誇ったドイツがもろくも敗北した理由を説明する一つの手法であろう。

二冊とも新書としてコンパクトにまとまっている。並べて読むと第一次世界大戦の理解が容易になる。

（中央公論新社、二〇一六年、中公新書、二六六頁、本体八四〇円）

（文藝春秋、二〇一七年、文春新書、二八七頁、本体九二〇円）

（稲葉千晴）

アルフレッド・セイヤー・マハン著
アラン・ウェストコット編
矢吹啓訳

『マハン　海戦論』

本書は、マハン没後四年を経過した一九一八年に、アナポリスの教授であったウェストコット（Allan Westcott）が、マハンの著作から海軍戦略・戦術、海軍史、海軍政策、地政学的分析、時事評論など多岐にわたる論考を抜粋した *Mahan on Naval Warfare: Selections from the Wrightings of Rear Admiral Alfred T. Mahan* の全訳である。

本書は三部構成となっており、第一部「海軍の基本原則」では、海軍戦略と海軍戦術に関する原則に焦点を当てている。第二部「歴史におけるシーパワー」は、マハンの歴史叙述を時代順に提示する中で、シーパワーの興亡、海軍戦略と戦術、指揮と統率に関するマハンの見解を浮き彫りにしている。第三部「海軍政策と国家政策」は、関連するマハンの時事評論からの抜粋である。

訳者あとがきによれば、海軍士官を育成するネイヴァル・アカデミーの教科書として利用されることを念頭に編集されていることが、本書の大きな特色である。したがって、マハンの多数の著作から幅広く収録することにより、その全体像を概観できるだけでなく、マハン思想の要点を把握できるように工夫されている。

確かに、海軍戦略の基本原則、シーパワーに関する歴史、政策に関する時事評論と明確に三区分され、四一章に細分化されている各章は、基本的に数ページで一つの事項についての抜粋となっている。抜粋の順序もよく配慮されており、マハン思想の要点を理解しやすい。

また、各章の冒頭に引用元が明記されていることは無論のこと、マハンの公刊著作一覧には本書の対応章が記載されており、どのようなバランスで抜粋されたかが一目で把握できる。さらに、訳書としての特徴は、日本においては必ずしも著名でない人物や事件等に詳細な訳註が付されており、マハンの描いた時代や彼の主張を理解する一助となる。

この他、一六頁にわたるウェストコットの編者序文は、マハンの主要著作に触れつつ、主に彼の小伝について簡潔に纏めている。また、訳者あとがきも、マハン研究史を辿って、当時の時代背景に結び付けたマハンの小伝やマハン戦略論の評価の変遷が描かれており、大変参考になる。

一昨年に刊行された同訳者のコーベット『海洋戦略の諸原則』と併せて、本書は、海洋（海軍）戦略を探求する者にとって、座右に置くべき重要な一書であろう。

（原書房、二〇一七年、四六判、四八六頁、本体三六〇〇円）

（平野龍二）

大前信也

『政治勢力としての陸軍——予算編成と二・二六事件——』

大前信也

『陸軍省軍務局と政治——軍備充実の政策形成過程——』

両書は、政治勢力としての軍部と政治との関係を予算面から通じて明らかにしてきた大前信也氏の著書二冊である。伊藤孝夫氏は著書の『大正デモクラシー期の法と社会』（京都大学学術出版会、二〇〇〇年）の中で、憲法第一二条いわゆる編制大権の中で、特に予算措置を巡る対抗関係として、①議会対政府、②内閣対軍部、③軍政機関対軍令機関という三つの対抗関係が存在するとしている。大前氏の両書は、この予算を巡る対抗関係の中で、陸軍の軍政機関である陸軍省、その中でも特に軍務局に焦点をあて、軍令機関である参謀本部や、政府の中でも特に大蔵省との対抗関係に分析を加え、予算を通じた陸軍の政治関与を明らかにしようとしたものである。対象時期は、両書とも一九三〇年代中葉の二・二六事件に至る時期である。

『政治勢力としての陸軍』では、昭和十一年度予算編成から二・二六事件を経て広田弘毅内閣の成立までの過程を対象時期としている。特に陸軍省軍務局予算班長であった高嶋辰彦少佐の日記を分析対象とすることで、予算編成を巡る陸軍省上層部のリーダーシップの欠如とそれに伴って中堅幕僚層が台頭していった過程を明らかにした。また、陸軍予算の編成過程を通して、陸軍中堅層の政策立案と政策実現が図られていき、中堅幕僚層が陸軍を掌握していくにつれ、政治勢力としての陸軍の地位が確立されたことを描き出した。

次に、『陸軍省軍務局と政治』では、二・二六事件後、軍務局の編成が改編されたことを分析し、陸軍の政治介入の組織的強化が制度化されたことを明らかにした上で、陸軍予算を伴う政策形成の制度的枠組みから陸軍省と参謀本部の省部関係の実態に焦点をあてた。そして、陸軍の政策形成にあたり、陸軍省、特に軍務局が参謀本部に対して予算を手段として部内統制を図っていった実態を描き出した。

両書は、陸軍を予算という視点から改めて分析することで、陸軍の政治勢力としての実態に新たな一面を加えたものであるといえよう。

（太田久元）

（中央公論新社、二〇一五年、四六判、二四三頁、本体一七〇〇円）
（芙蓉書房出版、二〇一七年、A5判、二四八頁、本体三二〇〇円）

坂本悠一編

『地域のなかの軍隊7　植民地　帝国支配の最前線』

本書は二〇一四年から一五年にかけて全九巻が刊行された『地域のなかの軍隊』シリーズの第七巻であり、植民地に配備された軍隊と各地域との関係を扱っている。

近年、軍隊と地域との関係を扱った研究が盛んとなり優れた成果が数多く発表されている。しかし日本国内の各地域については研究が充実・深化する一方、本シリーズの「刊行にあたって」でも述べられているように「旧植民地地域に対する研究は、国内ではいまだに皆無」に近い状況にあると言っても良いであろう。本書には一〇本の論考と九本のコラムが収められているが、その一九本の地域別内訳を目次に沿って見ると「Ⅰ　概論」が一（論考一）、「Ⅱ　台湾」が三（論考一、コラム二）、「Ⅲ　南樺太」が二（論考一、コラム一）、「Ⅳ　満州」が五（論考二、コラム三。このうち加藤聖文のコラム「モンゴルと興安軍」は満州国で編成されたモンゴル人部隊を扱う）、「Ⅴ　朝鮮」が六（論考四、コラム二）、「Ⅵ　南洋群島」が二（論考一、コラム一）となっており、特定の地域に限定せず植民地を幅広く網羅している点が本書の大きな特色・成果である。

また、一般に朝鮮半島や満州については陸軍との関係が注目されることが多いが、朝鮮半島の鎮海を海軍との関係に注目して取り上げた論考（金慶南・柳教烈「朝鮮海峡への要塞・軍港建設と国際関係」）が収められている点も特色である。海軍の鎮守府・要港部が置かれた主な地域のうち、国内の横須賀・呉・佐世保・舞鶴・大湊については近年優れた成果が発表されており、佐世保市の『佐世保市史　軍港史編』（上巻：二〇〇二年、下巻：二〇〇三年）のように軍隊に関する記述が充実した自治体史も編纂されるようになっている。それに比して植民地の鎮海、旅順（関東州）、馬公（台湾）については取り上げられることが少なく、貴重な論考と言える。

　植民地に配備された軍隊の概要・特徴や各地域との関係を大きく摑むうえで、類書が少ないだけに参考となる一書である。

（吉川弘文館、二〇一五年、四六判、三二〇頁、本体二八〇〇円）

（坂口太助）

『情報覇権と帝国日本Ⅲ　東アジア電信網と朝鮮通信支配』

有山輝雄

「情報覇権」とは、著者によれば「世界規模もしくは一定地域の情報の生産・流通などを支配し、その域内の住民の認識や思考に影響力をもつ権力という意味」の言葉である。一九世紀、電信（有線）の登場によって情報伝達能力が急速に向上するが、ある地域の情報や通信を独占することは軍事・経済活動、植民地獲得・支配のうえでの重要な道具・手段となり、列強諸国は電信線網を拡大するなど情報覇権獲得を目指した。

　著者はすでに本シリーズの「Ⅰ」「Ⅱ」において、近代における世界規模での列強諸国による情報覇権を巡る動向を検討・分析している。そのうえで明治期における東アジアでの動向、具体的には朝鮮（韓国）を巡る日本・清国・ロシアの動向に対象を絞ってより深く検討・分析を行ったものが本書（「Ⅲ」）である。軍事史、政治史、外交史等の成果を踏まえつつ、朝鮮における情報覇権獲得という観点から各国の動向を描いたことがこれまでの研究とは異なる大きな特色・成果となっている。

　評者が特に関心を持ったものは、海底電信線に関する問題である。明治に入り朝鮮を巡って清国との対立が深まるなか、日本は情報・通信面での優位獲得を目指し長崎～対馬～釜山の海底電信線の敷設を計画する。しかし技術と資金の両面から困難であったためデンマークの「大北電信会社」と交渉、同社によって一八八四年に開通するものの、日本は同社に見返りとして二〇年（のち三〇年に延長）の独占権を付与しその間は競合する電信線を敷設できないこととなった。その時点ではやむを得ない判断であったとはいえ、その後日清・日露戦争に勝利して次第に朝鮮に対する支配権を強めていくなか、連絡・通信に不可欠な海底電信線は海外の会社が所有する・さらに日本は自国では敷設できない・という状態となっていたのである。日本は度々買収を持ちかけるが難航し、韓国併合（一九一〇年八月）から二カ月後の十月にようやく成功する。つまり併合時ではなく、さらに外国企業との交渉を経て「日本が朝鮮半島の通信を支配する体制ができあがった」のであった。この事例は、本書の主題である情報・通信はもちろんのこと、より広くインフラ整備を安易に外国に頼る（外国に握られる）ことの重大性を示唆しているように評者には思えた。

　日本、東アジアの近代史については膨大な研究の蓄積があるが、本書は新たな知見を加える一書と言える。

（吉川弘文館、二〇一六年、四六判、四五八頁、本体四五〇〇円）

（坂口太助）

軍事史関係史料館探訪㉘

東南アジアの軍事博物館

（ラオス人民軍歴史博物館・タイ王国軍事史博物館・王立タイ空軍博物館）

源田　孝

一　ラオス人民軍歴史博物館

ラオス人民軍歴史博物館（Lao People's Army History Museum）は、ビエンチャン北東約一〇キロのバンフォンケン地区にある。現在のラオス人民軍の前身は、ラオス内戦で王政を打倒したパテート・ラーオである。一九七五年にラオス人民民主共和国が建国されるとパテート・ラーオは、ラオス人民解放軍、ついで、ラオス人民軍に改称された。

本館二階には、中央にラオス革命を成功させた英雄として国民の崇拝を集めている初代首相カイソーン・ポムウィハーンの顕彰碑があり、左側から右側にラオス近代史における歴史絵画、フランス植民地支配から第一次インドシナ戦争、ラオス人民民主共和国の建国までの戦争絵画、写真、武器、軽火器が展示されている。ラオスの近代は、十八世紀の三国の分裂からタイやカンボジアとの紛争、植民地戦争、独立戦争、内戦と続く戦争の歴史であり、二階の展示でその概要を把握することができる。展示物には、ラオス語と英語のキャプションが付けられている。

ラオス人民軍歴史博物館

最初の絵画は、一三五三年にラーオ族初めての統一国家ラーンサーン王国を建国したファー・グムによる統一戦争で、国王と将軍は戦象に騎乗して指揮している。ラーンサーンとは「百万の象」を意味し、当時、戦象は戦闘の主要兵器であるとともに国王の権威の象徴でもあった。兵士は、素足に短槍と小型の盾を持ち、蛮刀を腰に携えている。

次いで、一五七四年に生起したビルマ侵攻軍との防衛戦、そして、十八世紀に分裂したビエンチャン王国、ルアンパバーン王国、チャンパーサック王国の間の内乱や隣国のタイやカンボジアとの国境戦争が描かれている。

一八二七年、チャンパーサック国王チャオ・ニョーは、ビエンチャン王国の独立戦争に端を発したタイとの戦闘で敗北したが、その時の英雄的行為も描かれている。軍馬が使用されたのはこの頃からである。兵士は、接近戦では二本の蛮刀を併用して戦っている。

フランス植民地時代の抵抗戦争から第一次インドシナ戦争までのコーナーでは、拳銃、各種小火器、小口径の野砲が展示されているが、驚くべきはその多様性である。独立運動で使用した原始的な蛮刀、竹や木の兵器、フランス軍が持ち込んだと推定されるドイツ製の拳銃、フランス製やソ連製の拳銃や小銃、そして、古い中国製の小火器等、種類がさまざまで統一がとれておらず、ラオスの国情が反映している。

ベトナム戦争のコーナーでは同じ革命戦争を戦ったベトナムも顕彰しており、ベトナムのホー・チ・ミン主席の肖像画やヴォー・グエン・ザップ国防大臣の写真も展示されている。武器は、ソ連製や中国製の小火器、そして、ベトナム戦争中に米軍から捕獲した拳銃、小銃、軽機関銃、重機関銃が展示されているが、写真は総じて不鮮明で、武器の手入れも不十分であり、一部の武器は部品が欠損しているのは残念である。

ベトナム戦争のコーナーの展示物を見て気が付くのは、ラオス人民軍とベトナム人民軍の特別な関係である。ベトナム共産党とラオス人民革命党の起源は、一九三〇年二月に結党されたインドシナ共産党である。五一年に国別に共産党が設立することが決定され、ラオスは、五五年に、ラオス人民党（後のラオス人民革命党）を結党した。ラオス革命を指導したカイソーン・ポムヴィハーンは、ベトナム人の父とラオス人の母を持ち、ハノイ大学で教育を受けたベトナム派である。

ベトナム戦争中、ラオスはベトナムを支援しており、ラオス国内にホーチミン・ルートが設けられ、北ベトナムが南ベトナムでの戦闘を支援するための重要な輸送路となった。一方で、ベトナムは、ラオスの共産主義者に対し、人材育成、武器の供給、ベトナム義勇軍の戦闘へ

ソ連製 MiG-21 超音速戦闘機

中国製 59 式戦車

の参加など、全面的な支援を行った。

　一九七七年七月には、ラオス・ベトナム友好協力条約が締結されて「独立、主権、領土を防衛する目的で相互に支援・協力すること」が合意され、八〇年代前半まで、ラオスには、最大で五万人のベトナム義勇軍が駐屯し、ラオスの防衛を担っていた。

　しかし、一九八六年にベトナムがドイモイ政策を開始し、対外政策を変更すると、ベトナム義勇軍も帰還した。ラオスでも改革路線が採用され、経済制度の改革や中国や西側諸国との関係改善が進められた。現在、ラオスを取り巻く国際環境において、高性能兵器を必要とする国際紛争はもはや存在しない。博物館に展示されているミグ21戦闘機は、現在のラオスの平和を象徴するものである。

　本館一階は、第一次インドシナ戦争からベトナム戦争まで使用していた軍用車両、軽装甲車、高射機関銃、野砲、山砲が展示されている。展示物の一部には欠損しているものや被弾した形跡もあり、激しい戦闘の痕跡がうかがえる。ベトナム戦争中に撃墜したタイ軍の無人偵察機も展示されている。

　野外展示場には、ラオス人民軍の主力兵器であったソ連製や中国製の野砲、ヘリコプター、車両、ジェット戦闘機、レーダーが展示されている。

電　　話　+八五六(二一)九〇〇〇―六六二
開館時間　午前八時三十分～十一時三十分、午後一時三十分～四時
休 館 日　月曜日（館内写真撮影禁止）
入場料金　五、〇〇〇キープ（約六五円）

二　タイ王国軍事史博物館

一九九四年に開館したタイ王国軍事史博物館（The Military History and Museum Building）は、国立戦没者慰霊碑にあり、慰霊堂、パノラマ展示館が隣接している。そのため、一帯は、タイの国民、軍人、学生が訪れるべき聖地となっている。

左から慰霊堂、軍事史博物館、パノラマ展示館

軍事史博物館は尖塔形式の四階建で、重要な展示物にはタイ語と英語のキャプションがついており、理解が容易である。タイでは公式文書は、仏暦（釈迦入滅翌年の紀元前五四三年を起点）で表記するため、キャプションの年号は仏暦で表記し、西暦で補足している。

軍事史博物館では、十三世紀に成立したタイ族最初のスコータイ王朝からベトナム戦争までの主要な戦闘をジオラマ、兵器、写真、精密絵画、ディスプレイで展示している。とりわけ、各時代に応じた戦闘服や軍服を等身大の人形で展示していることは出色の出来である。展示は充実しており、全体としてタイ国軍の威信のみならず国防意識の啓蒙と国威の発揚を強く意図していることがうかがえる。

一階は、タイ軍が参加した五大戦争である第一次世界大戦、泰・仏印戦争、太平洋戦争、朝鮮戦争、ベトナム戦争を展示している。

第一次世界大戦に際し、国王ラーマ六世は、連合国の一員として部隊をヨーロッパに派遣した。派遣軍司令官はアルカス大佐で、派遣部隊はピカルト大佐が指揮する飛行隊とリシロン大尉が指揮する輸送部隊、そして医療部隊であった。大戦後、タイは、ベルサイユ会議に参加して国際連盟の原加盟国となり、タイの国際的地位が大きく高まったことが紹介されている。

泰・仏印戦争中に生起したコーチャン島沖海戦では、大きな展示スペースを割いて栄光を称えている。一九四〇年一月、海防戦艦一、水雷艇三を基幹とする第一戦隊は、コーチャン島沖でフランス極東艦隊第七戦隊と遭遇し、海防戦艦「トンブリ」は、フランス艦隊の砲火を受けて擱座し、他の艦艇も大損害を受けて敗北した。

朝鮮戦争では、タイは国連軍の一員として参戦することを決定し、ディサクル少将を司令官とする最初の派遣軍が編成され、一九五〇年十月に朝鮮半島に到着した。以後、タイは休戦協定の締結まで、部隊を派遣し続けた。

東南アジア条約機構の構成国で共産主義が自国へ浸透することに脅威を感じていたタイは、一九六三年に米国と軍事同盟を締結してベトナム戦争に参戦した。しかし、ベトナムに部隊を派兵することはなく、国境警備と米軍の後方支援を行った。

二階は、王室の展示室である。二〇一六年に崩御した国家元首にして国軍最高司令官であったラーマ九世プミポン・アドゥンヤデート国王は、共産革命やベトナム戦争などで混乱に陥った時代に、政治的手腕を発揮した。顕彰室では、ラーマ九世の個人史が細部にわたって紹介されており、その威徳を偲ぶことができる。

新国王に即位したラーマ一〇世ワチラーロンコーン国王は、幼少からイギリスに留学し、オーストラリアのダントルーン陸軍士官学校で学んだ後に、タイ陸軍で勤務した。顕彰室の展示を見れば、タイ王室とタイ国軍との密接な関係が理解できる。

三階は、建国以来の一四の主要な戦闘を展示している。一二七七年、スコータイ王朝の防衛戦では、後にタイ国史上最高の王といわれたラームカムヘーン王子と戦象ネカポルの活躍が展示されている。

一五四八年の泰・緬戦争では、タウングー王朝の侵攻により、アユタヤ王朝が危機に陥ったが、スリヨータイ王妃が身を挺して王の命を助けて戦死したという、タイでは知らない者がいないといわれる有名な史実を紹介している。

一五八六年の泰・緬戦争では、アユタヤ王朝のナレスワ王とその部隊がビルマ軍に夜襲をかけて勝利した際に王が使用した聖剣「プラタンダルカブカイ」を紹介している。

一七六七年の泰・緬戦争でアユタヤ王朝は敗北したが、華僑出身のタクシン将軍が国土を再統一してトンブリ王朝を建設した。続く七三年のビルマ軍との防衛戦において二刀を振るって奮戦したピチャイ将軍は、戦後、「刃毀れした刀のピチャイ」と尊称された史実を紹介している。

　一七八五年の泰・緬戦争では、ビルマ軍がタイ湾沿岸のタランに軍艦を派遣して部隊を上陸させた。タランのタイ軍司令官は遁走したものの、妻のチャン夫人とその妹のムク夫人が兵士を率いて応戦して撃破している。

　一八二六年、ラオス軍の侵攻に対し、バラドムアン将軍は、全軍の出撃を命じたが、その際、妻のモー夫人は兵士を指揮して奇襲を成功させ、タイ人捕虜を救出している。

　一八八五年、タイ北部に侵攻して来た清国軍に対し、スラサクモンリー司令官は、わずか一一名の兵士と牛、象を率いて応戦して撃退し、国境の防衛に成功している。

二刀を背に小銃を携えたピチャイ将軍

　四階は、陸・海・空・警察の四軍の制服、記章、勲章が展示されている。

日本関係の展示

　一九四一年十二月八日、マレー半島のタイ領シンゴラに上陸した日本軍は、タイ政府と日本軍のタイ国領域通過の交渉を始めた。ピブーンソンクラーム首相が不在だったため、協定が締結される十二月十一日までの間、日本軍とタイ軍・警察軍との間で戦闘が生起した。この戦闘で戦死したニヨムセン大尉を顕彰している。

　日露戦争以降、タイは日本から兵器を輸入していたが、一九四〇年に日本との武器輸入に正式に合意し、軽爆撃機、軽戦車、軽装甲車、重機関銃、軽機関銃、山砲、小銃、砲弾、銃弾、銃剣等、多数の兵器を輸入した。その中で現存している兵器が展示されている。

　三八式歩兵銃を口径七・九二ミリのモーゼル実砲用の銃身に改修したものが六六式小銃で、一九二五年から四万三千梃を輸入した。三八式歩兵銃に比べ全長が一八六ミリ短く、照尺はタイ文字で、タイ王国の紋章が刻印されている。

　日本から五〇両輸入した九五式軽戦車は、タイ全土に

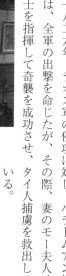

一五台現存している。本車は、インドシナ紛争にも投入され、一九五二年まで現役にあった。屋外には、四一式山砲が展示されている。

所在地　Tambou Ku Kot, Lam Luk Ka district, Pathum Thani province.
開館時間　午前九時～午後三時
休館日　土曜日、日曜日
入館料　無料
電　話　＋六六―二―五三三―八四六七
URL　http://www.thainationalmemorial.org/
アクセス　タイ国鉄ドンムアン駅から徒歩一五分、タクシー五分。

三　王立タイ空軍博物館

タイで最初に航空機が飛行したのは一九一一年二月で、ベルギー人パイロットが操縦するファルマン機であった。国王ラーマ六世は、サンラヤーウット少佐、アーウットシキゴーン大尉、ゲトゥタット中尉をフランスに派遣した。今日、三名は、タイ空軍の創始者と見なされている。

九五式軽戦車

九二式重機関銃

四一式山砲

一五年三月には陸軍航空部が創設された。そして、三七年四月に陸軍から分離して王立タイ空軍として独立し、今日に至っている。

タイ空軍の組織が拡大したのはベトナム戦争後で、ドンムアン空港から米軍が撤退した後、広大な施設はタイ空軍の管理下となった。この地区には、空軍参謀本部、空軍作戦司令部、空軍経理本部、空軍士官学校、航空公園と空軍の施設があり、その一角に一九六九年に開館した王立タイ空軍博物館（The Royal Thai Air Force Museum）がある。

タイ空軍が古い歴史を持つ空軍であること、社会主義国や中立国を含む世界中の航空先進国から軍用機を導入してきたこと、第二次世界大戦で敗戦国にならなかったことから、航空博物館には複葉機からジェット戦闘機まで約六〇機の貴重な軍用機が展示されている。展示は、実機のみならず、航空兵器、写真、絵画、ディスプレイ、軍服と多様であり、展示機には直接接触することができる。重要な展示機には、タイ語と英語のキャプションがついている。

第一部門は、創設期から第一次世界大戦までの展示である。最初の展示は、空軍の育成に貢献してきた国王ラーマ六世をはじめとする空軍の指導者となった王子達の業績であり、タイ空軍は創設期からタイ王室の加護の下で育成されてきた経緯が説明されている。

タイは、第一次世界大戦に連合国として参戦し、四〇〇名の飛行部隊をヨーロッパに派遣した。現地でニューポール機、スパッツ機、ブレゲー機を導入するとともに一部の機体は現地生産し、総計七三機を装備していた。しかし、大戦間に特段の戦歴はなかった。

第二部門は、戦間期の展示である。第一次世界大戦後、タイは軍用機の国産化に着手し、一九二七年にパリバトラ爆撃機、二九年にプラチャーティポック戦闘機を完成した。パリバトラ爆撃機は、二九年十月にバンコクからニューデリーへ親善飛行を行ったが、それは、タ

王立タイ空軍博物館と RF-5A 偵察機

タイ国産のパリバトラ爆撃機（レプリカ）

イ人が設計した軍用機が初めて外国を訪問した歴史的な出来事であった。

一九三〇年代に入って空軍力の強化に着手し、アメリカ製の軍用機を導入した。戦闘機はカーティス社のホークⅡ、ホークⅢ、P－36ホーク、ボート社のO－3Uコルセア、爆撃機はマーチン社のB－10を導入するとともに、一部の機体をライセンス生産した。

第三部門は、第二次世界大戦後の展示である。大戦後、タイは世界各国で余剰となった戦闘機、攻撃機、輸送機を格安で導入した。朝鮮戦争では国連軍の一員としてC－47スカイトレイン輸送機三機を韓国に派遣し、一九七一年まで輸送作戦に従事している。

冷戦終結後の一九九九年、タイ空軍はミャンマーとの国境作戦に参加し、さらに二〇〇三年のプノンペン暴動の際には在住タイ人と外国人の救出に出動している。

第四部門は、ベトナム戦争の展示である。ベトナム戦争中、タイ空軍は、直接的な脅威であった共産主義者の浸透に対処するため、対ゲリラ戦と空挺作戦を重視し、国境地帯で数多くの作戦を行った。

対ゲリラ戦専用機（COIN機）としてA－37ドラゴンフライ、A－1スカイレーダー、OV－10ブロンコ、空挺作戦用としてC－45エクスペディター、C－47スカイトレイン、C－123Bプロバイダーが展示されている。ヘリコプターは、一五機種展示しており質・

ホークⅢ戦闘機

O-3U コルセア戦闘機

量ともに充実している。

第五部門は、ジェット・エイジの展示である。機種は、F－84Gサンダージェット、F－86Fセイバー、F－5Aフリーダム・ファイター、F－5EタイガーⅡ、F－16ファイティング・ファルコン、サーブ39グリペンである。泰越友好のシンボルとしてベトナムから寄贈されたMiG－21Bis超音速戦闘機も展示されている。

日本機関係の絵画展示

タイ空軍にとって最初の航空戦は、一九四〇年九月のタイ・仏領インドシナ戦争であった。タイは日本から九七式軽爆撃機二四機、九七式重爆撃機九機を導入していた。この時、九七式軽爆撃機が、四一年一月七日にカンボジア、一月八日にシエムリープ、一月十日にアンコール・ワット、一月二十四日にパリンとシンソフォンを爆撃している。

太平洋戦争の開戦にともなって日本軍がタイ領内に殺到した時、ワッタナー・ナコン上空でタイ空軍のホークⅢ戦闘機が、進攻してきた日本陸軍の九七式戦闘機と九七式軽爆撃機と交戦した。

タイが日本の友好国となって以降、日本から九七式戦闘機一二機、二式高等練習機一二機、一式戦闘機二七機、九八式直協機・九九式高等練習機二四機を導入した。太平洋戦争中、タイ空軍は日米の計八種類の軍用機を運用した。

一九四四年十一月十一日、アメリカ陸軍航空軍のP－38戦闘機とP－51戦闘機がタイに侵入した際、タイ空軍の九七式戦闘機が迎撃し、P－38戦闘機一機を撃墜し、P－51戦闘機三機を撃破している。

一九四四年十一月二十七日、アメリカ陸軍航空軍のB－29爆撃機がバンコクを爆撃した際、タイ空軍の一式戦闘機が迎撃している。この時、飛行第五〇戦隊の大房養次郎曹長も一式戦闘機で迎撃し、タイ空軍機と共同でB－29爆撃機一機を撃墜している。

これらの著名な航空戦で活躍した日本機は、躍動的な絵画で展示して顕彰している。

日本機の展示

九九式高等練習機は、立川飛行機が製造した高等練習機で、タイ空軍は本機を一九四二年から輸入し、五〇年

日本式鳶型滑空機（前）と日本式鳩型滑空機（後）

九九式高等練習機

まで運用していた。展示機は、世界で唯一現存する機体である。

一九四一年六月に朝日新聞社がタイ政府に三機の滑空機を寄贈したが、その内の日本小型飛行機製の日本式鳶型滑空機と石川島飛行機が設計した陸軍仕様の初級滑空機（キ24）を日本小型飛行機が民間用に製作した日本式鳩型滑空機が展示されている。

他に川崎ＫＨ－４ヘリコプター、ナコーンシータンマラート県の沖合で発見された九七式戦闘機のエンジン、プロペラ、主翼の一部が展示されている。

所在地　171 Royal Thai Air Force Museum, Donmeung. Bangkok 10210
開館時間　午前八時～午後四時
休館日　タイ王国の祝日
入館料　無料
電　話　＋六六―二―五三四―一八五三
ＵＲＬ　http://rtaf.mi.th/
アクセス　タイ国鉄ドンムアン駅から徒歩二五分、タクシー一〇分。

（会員）

例会報告

〈第百七十五回例会報告〉

講　師　齋藤達志氏（陸上自衛隊幹部学校教官）
演　題　「西南戦争にみる日本陸軍統帥機関の成立過程とその苦悩――参謀事務の何が不完全だったのか――」
講　師　太田久元氏（立教大学日本学研究所研究員）
演　題　「戦間期の日本海軍の統帥権と編制権」
日　時　平成二十九年九月三十日(土)午後一時三十分～三時三十分
場　所　國學院大學渋谷キャンパス五号館五三〇一教室
参加者　四十九名

九月の例会は評価されている会員の最新の研究成果を発信することを目的とし、今回は、今年度の年次大会において学術研究奨励賞を受賞した齋藤会員と平成二十七年三月に「両大戦間期における海軍と編制権――人的関係と政策決定過程――」で博士号を授与（『戦間期の日本海軍と統帥権』（吉川弘文館、二〇一七年）として上梓）された太田会員に、それぞれの研究を基にしたご報告を頂きました。以下、それぞれの概要について記します。

一　西南戦争にみる日本陸軍統帥機関の成立過程とその苦悩――参謀事務の何が不完全だったのか――

本報告の問題意識は、明治十一年に参謀本部が独立する理由として、徳富猪一郎『公爵桂太郎伝』において、桂太郎が「西南戦役の経験に依り、参謀事務の不完全を論するもの漸く多く、其の結果として、遂に参謀本部設置説となれり」と述べているが、この「参謀事務の不完全」とはどのようなものかということにある。

二月二十四日、西南戦争が勃発すると陸軍参謀部が大阪西本願寺に設置された。本来の参謀局は陸軍省内に残っていたが、参謀局長であった鳥尾小弥太が陸軍参謀部の長となった。陸軍参謀部は、征討総督本営と陸軍省の間に位置し、その業務は、壮兵の募集、軍費の調達、経理から兵器・弾薬の製造請求など広範多岐にわたった。

陸軍参謀部の最初の業務は戦地となった九州への増援であった。陸軍参謀部は人員・物資の動員からこれらを輸送するための船舶運用を統制し、かつ、その優先順位を付す権限も有していた。

一方、陸軍参謀部には各方面から様々な情報が集められた。ここでは各方面の戦況はもちろん、海軍からの情報や国内の治安状況等が蒐集されており、西南戦争の全体像が投影されていた。三月に入り田原坂において戦線が膠着して大きな問題となると、内閣と海軍は、八代口への衝背軍の上陸構想を検討するようになる。しかし、陸軍参謀部は田原坂方面への増援を検討し、衝背軍は考慮していなかった。三月十四日には、京都の廟議で参議黒田清隆が参軍となり衝背軍を指揮することが決定されたが、陸軍参謀部はこの決定に関与していなかった。要するに戦場に第二戦線を構成するという戦争指導上の重大な意志決定に、陸軍参謀部は参画していなかったのである。

それでも陸軍参謀部は、八代方面における新たな戦線の構築に対する兵站基盤を確立し、かつ鳥尾参謀部長は、熊本城を早期に解囲するために戦力投入の重点を八代に向けることが妥当との判断を参軍山縣有朋に具申した。しかし、山縣参軍は引き続き田原坂正面に対する増援を要求し、一方で黒田参軍からも同様の要請が届いた。ここで陸軍参謀部は、植木正面と八代正面のどちらを重視するのか、二正面作戦の舵取りを強いられるが、奇しくも半月後の四月十五日、熊本城が解囲されるのである。

明治十一年十月八日の「参謀局拡張ノ儀」には、「独逸国ノ制式ヲ規範トスルノ時運ニ遭遇セル」とある。明治十四年の陸軍文庫『独乙参謀要務　前編一』には、参謀部のあるべき姿を、「『カラウセウィッ』曰ク参謀部ハ長将ノ思意ヲ得テ之ヲ命令トスルヲ任トス是レ特ニ其思意ヲ諸隊ニ伝達スル為ニアラス能ク細務ヲ整理シ以テ長将ヲシテ無益ノ煩労《はんろう》ヲ免レシメンカ為ナリ」と、参謀部とは長将の「無益ノ煩労」を排して、行動方針を案出し、その決心を命令とすることが任と記されている。しかし、西南戦争における陸軍参謀部では、戦地にある征討総督府を一途の命令の下でコントロールすることが出来なかったのである。

本報告では、ドイツ参謀部と比べ、このような不備が明らかになったことが参謀本部設置説につながったことを示唆し、講話を終えた。

（文責・齋藤達志）

二　戦間期の日本海軍の統帥権と編制権

本報告は、戦間期における海軍の編制権の認識、特に運用の変化とそれに伴う海軍の組織改編に着目し、海軍部内の人的構成の変化が政策決定にも多大な影響を与えたことを論じている。そして、海軍部内において人的関係が形成されるに従い、軍政機関である海軍省、軍令機関である海軍軍令部との勤務経験からそれぞれ「軍政系」「軍令系」となり、それに基づいて政策志向も「政軍協調系」「純軍事系」に分化された。一九二〇年代、帝国議会を中心に軍部大臣武官制撤廃の動きが現れ、軍令部では、第一次世界大戦の戦訓研究なども踏まえながら、軍令部の権限拡大を目指す動きがあった。一方、海軍省は帝国議会での統帥権、編制権に関する質疑に関する研究を通じて、編制権は統帥権に包含されていないという認識を持っていた。しかし、ロンドン海軍軍縮会議を契機に統帥権問題が噴出し、それによって兵力量問題は海軍大臣と海軍軍令部長との意見一致を必要とする内令第一五七号に収斂したことによって、編制権が統帥権へ包含される第一歩となった。

一九三二年に伏見宮博恭王が軍令部長に就任すると海軍首脳部の更迭とともに、海軍の方針が強硬論へと変化していった。伏見宮軍令部長の下、三二年中葉から高橋三吉軍令部次長を中心に軍令部の権限強化の商議が行われ、「戦時大本営編制」「戦時大本営勤務令」「海軍軍令部事務分課規程」が改正された。三三年には「海軍軍令部条例」「省部事務互渉規程」の改正が提議された。海軍省は、改正に反対の姿勢を示したが、大角岑生海相が改正に同意し、省内も改正反対派が左遷されたことによって、三三年十月一日、「軍令部令」が施行され、「海軍省軍令部業務互渉規程」が公布された。その後、権限が強化された軍令部の下で第二次補充計画が策定されたが、昭和九年度海軍予算では海軍省と大蔵省の対立が生じた。兵力量決定の権限を得た軍令部は、軍備の平等主義を主張して海軍軍縮条約からの離脱の姿勢を示しついに「海軍軍縮条約体制」から脱却することとなった。また、同時期の大角人事によって、「軍政系」「政軍協調系」の将官が予備役に編入されたのみならず、軍事参議官会議の機密漏洩事件などで伏見宮の信頼を失っていた加藤寛治や末次信正ら「加藤・末次グループ」もまた、二・二六事件を契機に排除されることになった。

戦間期の海軍省優位の体制が、編制権の一部が統帥権に包含されたことで、海軍省と軍令部とが並立する二元組織となり、「省部協調」が重視されていったことを示唆し、報告を終えた。

（文責・太田久元）

軍事史研究フォーラム報告

〈第八回〉

日時　平成二十九年十一月二十五日（土）午後二時〜四時三十分

場所　國學院大学一号館一階一一〇一講堂

コメンテーター　庄司潤一郎副会長（防衛省防衛研究所）、影山好一郎前副会長（元防衛大学校教授）

参加者　三十三名

発表者、テーマ

◎小風尚樹会員（東京大学大学院博士課程）

「一八六〇年代中国海域におけるイギリス海軍主導による『国際協力体制』の外交史的意義」

◎長谷川優也会員（帝京大学大学院博士課程）

「防衛研修所戦史室の設置と『戦史叢書』編纂に至る経緯について」

報告内容、コメント

小風会員の報告は、十九世紀中国史における欧米の影響力をいかに捉えるかというテーマに対して、一八六〇年代の欧米各国海軍による中国海域の海賊鎮圧のための「国際協力体制」を取り上げ、欧米の対清「協力体制」論はすでに限界を内包していた側面に対して、史実の再検討により、例証を試みたものである。一八六〇年代の海賊被害は相対的に小規模であったが、イギリスの民間海運会社であるP&O社（Peninsula & Oriental Steam Navigation Company）は海賊被害を問題視し、海賊鎮圧をイギリス政府に要請した。イギリス政府は緊縮財政下でもあり、各国の協力を要請することとなった。しかし、鎮圧任務の主体はイギリス海軍であり、各国海軍の活動は形式的なものに止まり、イギリス海軍も各国海軍に対する警戒感もあり、緊張を孕んだ協調関係であった。また、清朝自強運動の下で、海賊鎮圧関連交渉を巡って英清の外交交渉は、従来各国の協調が対清交渉に機能したと解釈されてきたが、小風会員は恭親王奕訢の外交方針と駐清公使オールコックの条約改正交渉を円滑に進めるための予備交渉として利用したものであり、清国、イギリス本国、現地の外交担当者がそれぞれの思惑を持ちつつ、イギリスが主導して行われたものであることを明らかにした。そして、「同治中興」期における欧米の対清「協力政策」を現実主義的な外交の様相から見直す必要性を示唆した。

コメンテーターの先生からは、十九世紀のイギリス、清国の全般的な状況の解説を示した上で、小風会員の報告は膨大な史資料を駆使し、先行研究の足らない部分を補った重厚な研究であると評価した。また、イギリスの中国ステーションが中国から日本へ進出する過程やその後の関係にあたり、クラレンドン外相からオールコックへの指示があったのか、清国からイギリス本国までの通信にどのくらいの時間がかかったのかという質問があった。フロアーからは海賊対策のデータに関してわかりやすい説明があればよかったのでないかとの指摘があった。

長谷川会員の報告は、戦後の戦史編纂の流れを踏まえて、太平洋戦争の公刊戦史である『戦史叢書』の成立過程について明らかにしたものである。戦後の戦史編纂には、元陸海軍軍人の動向や役割を検討することが必要であり、また戦史編纂に携わった元軍人の多くが再軍備研究にも携わっていたことから、太平洋戦争に対しての失敗や反省点をどのように捉えていたか、そして編纂過程を通じて現在に繋がる戦争観の形成にどのような影響を与えたかを明らかにしようとした。旧陸海軍の戦史編纂は、陸海軍共に終戦直後の十月から十一月から始められたが、GHQ－G2により作戦記録の編纂を命令された。その後、旧海軍（第二復員省）は、戦史編纂を史料調査会が担い、史実調査部は再軍備研究を行う。旧陸軍（第一復員省）は、陸軍の立場を主張するため独自に戦史編纂を行っていった。他方、旧陸海軍が編纂した作戦記録については旧海軍が再軍備後に教育に活用されたのに対し、旧陸軍は再軍備後に活かすことができなかった差異もあった。その後、戦史編纂は復員局と自衛隊につながる保安庁とが担い、復員局は総合的な戦史編纂が考慮されたが、防衛庁防衛研修所戦史室の戦史編纂と厚生省の復員を含む戦後処理全般を記述した復員史編纂に分離し、厚生省の復員史編纂が頓挫、公刊されなかったため、『戦史叢書』が戦後処理の記述を欠く批判の要因となった。また、防衛研修所設置に関して旧陸軍側が主導したため、反発する旧海軍軍人も多く、旧陸海軍間の対立が戦史編纂に影響を与えた。最後に戦後の戦史編纂が再軍備問題と黎明期の自衛隊教育とも密接に関係しているのではないかと示唆した。

コメンテーターの先生からは、防衛研修所戦史室設置に至る過程について復員省から丹念に調べており、また戦史室、戦史叢書の問題の原点が復員省にあった点を明らかにしたものであると評価された。また、旧軍人の太平洋戦争観、旧軍人の歴史認識の問題や再軍備研究が戦史編纂へどの程度影響を及ぼしたのかといった質問がなされた上で、旧軍人の戦争観について時代的変遷により変化していった視点まで広げる必要性があるのではないかという指摘があった。また、陸海軍の戦争観の違いや戦史編纂過程で海軍側が提出した資料、文書で採用されなかったものがあった点や、再軍備との関係性には特に意味はないのではないかなどのコメントがあった。

今回の軍事史研究フォーラムは、二名の報告者がそれぞれ分野の異なる研究内容を発表し、また多くの参加者が来場され、盛況のうちに終えることができた。次回以降も、多くの発表の申し込み、またご参加をお待ちしています。

（文責：太田久元）

第九回軍事史研究フォーラム発表者募集のご案内

軍事史学会では、「第九回軍事史研究フォーラム」の発表者を募集しております。奮ってお申し込み下さいますようご案内申し上げます。

（1）目的

学会における若手研究者による研究成果発信の場を設けることにより、研究能力の向上に寄与するとともに、将来の学会活動を担う人材の育成を図る。

（2）発表者の応募資格

修士課程在学以上、または同等の研究歴を有する会員。特に研究成果を纏めている会員で交流を希望される方（非会員の場合は、研究発表申込までに入会すること）。

（3）開催日時　平成三十年十一月頃の土曜日を予定（決定次第ホームページに掲載）

（4）場所　未定（都内で開催）

（5）発表申込要項

フォーラムでの発表を希望する会員は、テーマ、所属、氏名及び発表要旨（A４判用紙に一千字以内）を左記にお送り下さい。

送付期限：平成三十年八月三十一日必着

送付先：info@mhsj.org

問い合わせ先：軍事史学会事務局

〒162―0041　東京都新宿区早稲田鶴巻町五四四―六
錦正社内

電　話　〇三―五二六一―二八九一
ＦＡＸ　〇三―五二六一―二八九二

会員消息

▼飯森明子会員は責任編集者として、他二名と『帰一協会の挑戦と渋沢栄一――グローバル時代の「普遍」をめざして――』、他三名と『渋沢栄一は漢学とどう関わったか――「論語と算盤」が出会う東アジアの近代――』をミネルヴァ書房からそれぞれ刊行した。

▼石津朋之会員は監修・翻訳者、小椿整治会員・村上和彦会員・由良富士雄会員は翻訳者として『【図説】第二次世界大戦　ドイツ軍の秘密兵器　1939―45』を創元社から刊行した。

▼大木毅会員は翻訳者として『「砂漠の狐」回想録――アフリカ戦線1941～43――』を作品社から刊行した。

▼栗原俊雄会員は『シベリア抑留　最後の帰還者――家族をつないだ52通のハガキ――』（角川新書）をKADOKAWAから刊行した。

▼小林和幸会員は編者として『明治史講義【テーマ篇】』（ちくま新書）を筑摩書房から刊行した。

▼関口高史会員は『誰が一木支隊を全滅させたのか――ガダルカナル戦と大本営の迷走――』を芙蓉書房出版から刊行した。

▼千田武志会員は『呉海軍工廠の形成』を錦正社から刊行した。

▼筒井清忠会員は『戦前日本のポピュリズム――日米戦争への道――』（中公新書）を中央公論新社から刊行した。

▼戸高一成会員は編者として『日本海海戦の証言――聯合艦隊将兵が見た日露艦隊決戦――』（光人社NF文庫）を潮書房光人新社から刊行した。

▼広中一成会員は『冀東政権と日中関係』を汲古書院から刊行した。

▼保阪正康会員は『三島由紀夫と楯の会事件』（ちくま文庫）を筑摩書房から刊行した。

＊『軍事史学』では毎号、「会員消息」のコーナーを設けていますので、出版等の情報を編集委員会宛奮ってお寄せください。

連絡先▼軍事史学会編集委員会
〒162-0041 東京都新宿区早稲田鶴巻町五四四―六錦正社内
メール：info@mhsj.org

軍事史学会会則

第一章　総　　則

第一条　この会は、「軍事史学会」（以下「本会」という）と称し、英語名を「The Military History Society of Japan」という。

第二条　本会は、事務所を東京都に置く。

二　本会は、理事会の議を経て必要の地に従たる事務所を置くことができる。

第二章　目的及び事業

第三条　本会は、軍事史学に関する学術的研究を行い、その成果を普及するとともに会員の研究活動を助成することを目的とする。

第四条　本会は、前条の目的を達成するために次の事業を行う。

（一）　機関誌『軍事史学』、その他軍事史関係図書の発刊

（二）　研究会、講演会等の開催

（三）　国際軍事史学会との研究交流

（四）　学術研究奨励賞の授与

（五）　その他、本会の目的を推進するために必要と認める事業

第三章　会員及び会費

第五条　本会の会員及び会費は次の通りとする。

（一）　正会員：本会の目的に賛成し、会費年額一万円を納める個人。なお、一五万円を一括納入したものは終身会員とする。

（二）　特別会員：本会の発展に寄与したとして理事会が特に推薦する個人。

（三）　賛助会員：本会の目的に賛同し本会の事業を援助するために、会費年額一口（二万円）以上を納める個人、または年額一口（五万円）以上を納める法人。

（四）　奨励会員：軍事史学の研究奨励を目的とし、会費年額五千円を納める学生等。

第六条　会員（特別会員を除く）になろうとする者は、既会員の推薦を受けて入会申込書を提出し、理事会の承認を受けなければならない。

第七条　会員は、機関誌の配布を受けるとともに、研究論文等を寄稿することができる。

第八条　会員は、次の事由によって資格を喪失する。

㈠退会申出　㈡死亡　㈢二年以上にわたる会費の滞納　㈣本会の解散

第九条　会費の額を変更する場合は、理事会で決定し総会の承認を得るものとする。なお、既納の会費は返還しない。

第四章　役　員　等

第一〇条　本会は次の役員を置く。

㈠会長　㈡副会長　若干名

㈢理事　二〇名以内　㈣監事　二名

第一一条　会長は、理事会の推挙に基づき総会において選任する。他の役員は会長が推薦し、総会の承認を得るものとする。

第一二条　会長は、本会を代表し、会務を総理する。

二　副会長は、会長を補佐し、会長に事故あるとき、または欠けるときは、会長があらかじめ指名した順序によって、その職務を代行する。
三　理事は、理事会を組織し、支部、各委員会及び事務局の事務を担当する。
四　監事は、会計及び会務の執行状況を監査する。
第一三条　役員の任期は二年とし、再任を妨げない。
二　補欠または増員により、選任された役員の任期は、前任者（または現任者）の残任期間とする。
第一四条　本会の事業の運営及び振興のため参与、顧問及び特別顧問を置くことができる。

第五章　会　　議

第一五条　会議は総会、理事会及び委員会とする。
二　総会は、全会員をもって構成し、事業計画、収支予算、役員人事等の重要事項を審議・決定する。
三　理事会は、会長、副会長及び理事をもって構成し、本会事業の運営と執行の責任を負う。理事会の審議には、監事及び各委員長の指名した委員を出席させることができる。
四　委員会は、編集、大会、例会、出版の各委員会とし、それぞれの理事を委員長として副委員長、所要の委員をもって構成する。各委員会は理事会の委託を受けて業務の遂行に当たる。なお、必要に応じ臨時に委員会を設けることができる。委員長、副委員長及び委員の任期は一年とし、再任を妨げない。
第一六条　総会及び理事会は会長が招集する。総会の議長はその都度選出する。理事会の議長は会長がこれに当たる。

第六章　支　　部

第一七条　地方の活動を積極的に推進するため本会支部を置くことができる。

第七章　事　務　局

第一八条　本会の事務を処理するために事務局を置く。
二　事務局に事務局長を置き、理事をもって当てる。

第八章　会　　計

第一九条　本会の経費は、会費、購読料及び寄付金をもって当てる。会計年度は毎年四月一日から翌年三月三十一日とする。

第九章　会則の変更等

第二〇条　この会則は、理事会及び総会において、それぞれ出席者の過半数以上の同意を得なければ変更することはできない。
第二一条　この会則の施行について必要な細則は、理事会の議決を得て会長がこれを定める。

付　則

一　この会則は、昭和六十三年五月二十一日から施行する。
二　改正　平成四年六月六日
　　　　　平成七年六月二日
　　　　　平成十一年六月五日
　　　　　平成二十一年六月六日
　　　　　平成二十二年五月十六日

『軍事史学』投稿規定

軍事史学会の会員は学会機関誌『軍事史学』へ投稿することができる。投稿原稿は未公刊のものに限る。

執筆にあたって

一　『軍事史学』の使用言語は日本語である。

二　論文及び研究ノートの原稿の分量は註も含めて二万四千字以内（四〇〇字詰原稿用紙六〇枚相当）とする。なお、半角の欧文は二字で一文字分として換算する。

三　本文の初出する人名は原則として「フルネーム」とし、漢字圏以外の人名にはカタカナのあとに欧文を付記すること。著名な歴史上の人物についてはこの限りでない。

四　一般に固有名詞について、またカタカナ表記の必要な外国人名、地名等についても、それぞれの原稿において表記を一貫させること。

五　地図や図表類を付す場合には一点六〇〇字相当と計算し、原稿の制限分量の中に含める。必要最小限にすること。

六　ワープロソフトによる執筆の場合、原稿を横書きのプリントアウトで提出することは差し支えないが、**『軍事史学』は縦組みであるので、原稿中の年号、日付、数字等の数詞表記は縦組みを前提として執筆すること。**

七　原稿はできるだけＷｏｒｄまたは、一太郎で作成すること。手書きによる執筆の場合は、縦書き原稿用紙を使用すること。

八　本誌で使用する大見出しに付す番号は、漢数字の一、二、……である。通例、論文の冒頭に「はじめに」、末尾に「結論」ないし「おわりに」といった大見出しが入るが、これらの表現は執筆者の裁量である。また中見出しが必要な際は、(一)、(二)、……とする。「章」、「節」、「項」は使用しない。既刊の各号を参照すること。

註について

註の記述については正確、丁寧、簡潔を旨とし、一般的な学術的規則を遵守すること。あわせて一原稿において一貫性、整合性を維持することを本誌の原則とする。

一　註はすべて、本文の末尾に一括して掲げる形式をとる。

二　同一の引用文献が続く場合は、同右とする。

三　既出文献を、他の文献を引用した註をはさんで再度引用する場合は、原則として著者名の後に、副題を略した書名・論文名を記す。「前掲書」、「前掲論文」は用いない。

四　叢書の場合は、原典の表記に準拠する。

五　翻訳の場合は、訳者名は文献名の後に記す。

六　未刊行史料はカギ括弧で示し、所在を明らかにする。また当該史料を所蔵する文書館等が、論文への引用にあたって推奨している方式があれば、それに準拠する。

七　部内印刷資料は二重ではなく、普通のカギ括弧で示す。

《凡例》

(1)　戸部良一『日本陸軍と中国――「支那通」にみる夢と蹉跌――』（講談社、一九九九年）一〇二頁（「ページ」ないし「ペイジ」の表記でもよい）。

(2)　同右、一二三頁。

(3)　河原地英武「朝鮮戦争とスターリン――ソ連公開文書の検討――」（『軍事史学』第三十六巻第一号、二〇〇〇年六月）二一―三四頁。

(4)　防衛庁防衛研修所戦史室『戦史叢書72　中国方面海軍作戦1』（朝雲新聞社、一九七四年）二〇頁。

(5)　角田順解説『現代史資料10　日中戦争3』（みすず書房、一九六三年）三〇頁。

(6)　原田熊雄『西園寺公と政局』第六巻（岩波書店、一九五一年）一八五頁。

（7）伊藤正徳・富岡定俊・稲田正純監修『実録太平洋戦争　第七巻　開戦前夜と敗戦秘話』（中央公論社、一九六〇年）一〇五頁。

（8）麻田貞雄「日本海軍と対米政策および戦略」（細谷千博ほか編『日米関係史　2　陸海軍と経済官僚』東京大学出版会、一九七一年）一一七頁。

（9）戸部『日本陸軍と中国』一二四頁。

（10）河原地「朝鮮戦争とスターリン」二四頁。

（11）ジョン・キーガン『戦争と人間の歴史』井上堯裕訳（刀水書房、二〇〇〇年）九七頁。

（12）石井秋穂「海軍戦争検討会議記録に対する所見」（防衛研究所図書館所蔵、一九七七年四月）六頁。

（13）建川大使発松岡外務大臣宛、第五九六号（「第二次欧州大戦関係一件・独蘇開戦関係」外務省外交史料館所蔵）。

外国語文献の註について

一　註における書誌情報の記載順は凡例の通りとする。書名・雑誌名・新聞名はイタリックとする（もしくは当該部分にアンダーラインを引く）。論文名はダブルクォーテイション・マークで括る。

二　同一文献の引用が続く場合はIbid.（同書）を使用するが、その他のラテン語の略語であるop. cit.（「前掲引用書中」の意）等は使用しない。

三　既出文献の引用は、原則として、著者名の後に適当な長さに略した書名・論文名を記す。

四　同一文献を頻繁に使用する場合、あるいは文献名が長い場合には略称を使用してよい。

五　ひとつの註の中で、複数の外国語文献を掲げる場合には、セミコロン（;）で区切る。また複数の外国語文献と日本語文献を同一註の中で掲げる場合には、日本語文献と外国語文献とをそれぞれ分けて記す。

六　ドイツ語、ロシア語、朝鮮語等の言語で書かれた文献の註における表記については、『軍事史学』第三十六巻第三・四合併号の安藤公一会員、および第三十六巻第一号の鐸木昌之会員、河原地英武会員の論文を参照すること。さらに疑問のある場合には編集委員会に問い合わせること。

七　準拠すべき欧文文献の引用法の詳細については左を参看されたい。Kate L. Turabian, *A Manual for Writers*, 6th edition (University of Chicago Press, 1966). なお本誌では、author-date システムは使用しないこととする。

《凡例》

（14）Michael Howard, *Lessons of History* (Oxford:Clarendon Press, 1991), pp. 23-34.

（15）Alvin D. Coox,"Needless Fear: the Compromise of U. S. Plans to Invade Japan in 1945," *Journal of Military History* 64 (April 2000), pp. 411-38.

（16）Ibid., p. 420.

（17）Howard, *Lessons of History*, p. 25.

（18）Coox,"Needless Fear," p. 415.

（19）U. S. Department of State, *Foreign Relations of the United States, 1950*, Vol. Ⅶ:*Korea* (Washington, D. C.:U. S. Government Printing Office, 1976), pp. 295-97 (hereafter cited as *FRUS*).

投稿に際して

一　**提出する原稿は完成原稿とする。**

二　**投稿規定を遵守していない原稿は編集委員会として受理しないこととする。**

三　原稿中の数詞表記、見出し番号および註の体裁などについては、本誌の刊行物としての整序のため、編集委員会が修正を加えることがある。

四　著者校正は**原則として一回のみ**とする。校正は印刷上の誤り、不備の訂正のみにとどめる。校正段階において、著しい加筆や訂正があったと編集委員会が判断する場合には、その時点で掲載を中止する場合がある。

五　論文および研究ノートには必ず欧文タイトルをつける。

六　**原稿は三部（コピー可）提出する。**ワープロソフトで作成した原稿は読みやすいレイアウトとすること（打ち出しの一例。A４判用紙を用いる。行間を最低一行分はとる。フォントサイズの設定は一一ポイントないし一二ポイントとする。）。文字以外の論文の要素（図および表）は、本文中に含めず別紙に印刷し、本文原稿中に組み込み箇所を明示すること。

七　**打ち出した原稿を提出するとともに、その原稿のファイルをEメールに添付して送信するか、保存した記録媒体を提出すること。**

八　提出するファイルの内容に関する注意

編集業務の簡素化・効率化のため、提出するファイルについては以下の要領で準備すること。

（一）　使用ソフト名とバージョンを別紙に記す。使用するソフトはできるだけＷｏｒｄまたは、一太郎を使用すること。

（二）　固有名詞などＪＩＳ漢字コードに規定されている以外の漢字や、機種依存の特殊文字や記号については、原稿には別の記号（たとえば■、★や〓など）を仮に入力しておき、あとで、打ち出した原稿に赤字で手書きすること。中国簡体字は可能な限り、ＪＩＳ漢字コードに定められている漢字に置き換えること。

（三）　ワープロソフトの註作成機能を用いた場合に発生する機能の限界を原因とする最小限の投稿規定の逸脱は許容する。

（四）　図・表などは、印刷所で利用できる場合もあるので、別のファイルに保存し、使用したソフト名を明記して原稿ファイルと共に提出すること。

（五）　ワードプロセッサー専用機等で作成した場合は、パソコンとの互換性のあるファイル形式で保存して提出すること。

（六）　提出したファイルが開かないなどのトラブルが発生した場合は、編集委員会、印刷会社との間で適宜協議し、速やかにトラブルに対応すること。

九　投稿の際、住所、氏名（ふりがな）、所属と職位、電話番号・Ｅメールアドレス等連絡先を明記した別紙も添付する。

一〇　論文および研究ノートの採否と掲載号は編集委員会が決定する。提出された原稿と記録媒体は返却しない。

一一　原稿送付先〒一六二―〇〇四一　東京都新宿区早稲田鶴巻町五四四―六　錦正社内　軍事史学会編集委員会

一二　原稿ファイルの送信先　info@mhsj.org

掲載された論文と研究ノートについては原則として「抜き刷り」を三〇部無料送付し、それ以上は実費とする。

一三　論文・研究ノートの掲載は、一巻（一号から四号まで）につき一人二本までとする。

一四　『軍事史学』に掲載された論文等の著作権は軍事史学会に帰属する。著者が論文等を他に転載する場合には、学会に申し出て許可を得るものとする。

（平成十六年三月）
（平成十七年三月一部改定）
（平成二十年七月五日一部改定）
（平成二十七年六月一日一部改定）

第五十三巻総目次

総目次（第53巻）

▲編 集 後 記▼

●今年は記録的な寒波と大雪に日本列島は震え上がりました。私(鍋谷)の故郷金沢も五六豪雪(五六とは昭和五十六年)以来の大雪となり、交通が寸断され、物資が不足し大変だったようです。二月下旬に一〇日間程ドイツに滞在しました。ヨーロッパもこの時期記録的な寒波が来襲し、滞在していたミュンヒェンやドレスデンでも、マイナス一〇度近くまで気温が下がりました。一部の学者には小氷河期の始まりという意見もありますが、長期的に見れば温暖化が続くという意見が主流を占めているようです。個人的には、寒冷化よりも温暖化の方がまだ人類が生き延びられる可能性が高い気がします。日本は、これから温暖化(寒冷化)と大地震そして原発事故の後始末というサバイバルを経験していかなくてはならないのでしょうか。

●さて、本号は特集「戦争と福祉」を組みました。二十世紀型干渉国家＝福祉国家システムの原型を作り上げたのは、第一次世界大戦です。手探りの総力戦体制構築の中で、兵士や銃後の民衆の身体・健康管理や生活保護システムをヨーロッパ列強は作り上げていきました。それは、長期消耗戦を戦い抜くには必要不可欠だったと言えます。もちろん質的にも量的にも不十分なものでありましたが、第二次世界大戦を経る中で福祉国家システムはさらに改善されていきます。例えば、ナチスドイツが戦後西ドイツの福祉システムの基礎を構築したことは、否定できない事実です。

●梅原論文は、第一次世界大戦期ドイツを例にとり、長期消耗戦下での戦争と外科医学の在り方の関係を追ったものです。その際、大量の負傷兵達の体と心の関係が、総力戦体制の中で多角的に考察されています。第一次世界大戦と医学は、近年注目を浴びている分野であり、我が国でもようやく研究が始まっています。本論文は多くの文献や史料を使って、総力戦体制下で大量に生まれた負傷兵士の「生」の有様を、外科医学の発展との関係の中で切り込んでいると言えます。

●北村論文は、第一次世界大戦から大戦間期のドイツにおける盲導犬システムの生成発展を大きく概観したものです。ヨーロッパ各国における戦中から戦後にかけて福祉システムが如何に展開し変遷してきたのかに関しての研究が、近年盛んに行われるようになってきています。しかし、盲導犬システムの発展史を扱ったものは、本論文が我が国では最初であります。

●山本ノートはこれまであまり実証研究がなかったアジア・太平洋戦争期の日本における軍事救護の実情について、新潟県内の一村落を事例として取り上げ、残存する一次史料を丹念に掘り起こしながら、その実態を検証しています。全国的なものや諸外国の軍事救護の実相の比較などさらなる研究の深まりと広がりを期待させる論考です。

●小野ノートは、社会福祉思想と戦時動員を結び付ける人的資源について、経済学の観点から検討しています。本ノートでは人的資源を切り口に、社会福祉思想と人的資源の戦時動員の関わりの変遷について、戦争経済思想も踏まえて論じたものです。近代国民国家において人的資源の保全・陶冶を必要としていたのは産業資本よりも軍であり、日本では英国に見られる戦争経済思想と社会福祉思想の同調がなかったことが指摘されています。

●自由論題では論文と研究ノートの二編を掲載しております。小風論文は、一八六〇年代中国海域におけるイギリス海軍主導による海賊討伐の外交史上の意味を、多くの史料を駆使して説得的に開陳しています。阿部ノートは、研究史の上で遅れが存在する満洲帝国における非常大権と防衛法について詳細に追ったものであります。

●次号は、「近代日本軍の形成と発展」の特集を予定しております。

（本号担当　鍋谷郁太郎・荒川憲一）

平成三十年三月一日発行
季刊 軍事史学　第五十三巻第四号
〔通巻第二一二号〕
定価：本体二〇〇〇円(税別)
編集　軍事史学会
〒162-0041 東京都新宿区早稲田鶴巻町五四四-六
錦正社内
電話　〇三-五二六一-二八九一
FAX　〇三-五二六一-二八九二
振替口座　〇〇一六〇-八-三四三六二
発行者　黒沢文貴
発行・発売　株式会社 錦正社
印刷：平河工業社　製本：ブロケード